日本人ルーツの謎を解く

縄文人は日本人と韓国人の祖先だった！

長浜浩明

はじめに

日本人なら、このことについて「本当のことを知っておきたい」と念じてきたのではないか。考古学ブームやルーツ探しはその現れだったが、この分野にも昔から怪しい影がつきまとっていた。だから何時か仮面を剥がし、本当の姿を見てみたいものだと思っていた。

例えば司馬遼太郎は、『街道を行く1　湖西のみち』（週刊朝日　一九七二）で次なる文言を連ねていたが、そこには腐臭が漂っていた。

「日本民族はどこからきたのでしょうね」

「しかしこの列島の谷間でボウフラのように湧いて出たのではあるまい」

「我々には可視的な過去がある。それは遺跡によって見ることができる。となれば日本人の血液の中の有力な部分が朝鮮半島を南下して大量に滴り落ちてきたことは紛れもないことである」

「日本人の血液の六割以上は朝鮮半島をつたって来たのではないか」

「九割、いやそれ以上かもしれない」

「ともあれ縄文・弥生文化という可視的な範囲で、我々日本人の先祖の大多数は朝鮮半島から流れ込んできたことは、否定すべくもない」

著名な作家、評論家、考古学者、或いは公教育やメディアが、いくら「日本人の祖先は大陸や朝鮮半島から流れ込んできたのだ」と喧伝しても「本当なのだろうか」なる疑念は消えなかった。その思いから関連資料を調べてきたが、なかなか突破口が開けなかった。

それでも二十年余りの間に多くの発見がなされ、考古学、人類学、生物学、ＤＮＡから言語学まで新たな知見が積み上がって行った。だが、調べるほどに深い闇の中に迷い込んで行くようで、その先に明かりは見えなかった。

世の通説は相互矛盾を内包しつつ、常に同じ結論になっていた。この世界では、それ以外の答を出すことがタブーであるかのように感じられた次第である。

そうこうする内に、どうやら日本人のルーツを巡る諸論は、真実を求めているのではなく、何故か分からぬが、定説なるものを守るべくもたれ合い、傷を舐めあい、根から腐っていることが分かってきた。そしてある日、分子人類学者・篠田謙一氏の一文に巡り会ったのである。

「今の朝鮮半島の人たちのなかにも、縄文人と同じＤＮＡ配列を持つ人がかなりいることです」

「朝鮮半島にも、古い時代から縄文人と同じＤＮＡを持つ人が住んでいたと考えるのが自然です」

「考古学的な証拠からも、縄文時代の朝鮮半島と日本の間の交流が示されています」

「縄文時代、朝鮮半島の南部には日本の縄文人と同じ姿形をし、同じＤＮＡを持つ人々が住んでいたのではないでしょうか」（『日本人になった祖先たち』ＮＨＫブックス）

この話しが本当なら、一万数千年前から日本列島を版図として活躍してきた縄文時代の人たちの行動範囲は玄界灘を越え、朝鮮半島にまで及び、その時代の人たちの血が、今の韓国人の血の中に流れ込んでいたことになる。しかもこのことが、最新のＤＮＡ研究から解明されたというのだ。ならば先の司馬の言い様は、次のように言い換えなければならない。

「韓国人はどこからきたのでしょうね」

「しかしこの半島の中でボウフラのように湧いて出たのではあるまい」

「我々には可視的な過去がある。それは遺跡によって見ることができる。となれば韓国人の血液の中の有力な部分が、玄界灘を北上し、日本から大量に流入した縄文時代の人たちに依ることは紛れもないことである」

「韓国人の血液の六割以上は玄界灘を北上して行ったのではないか」

「九割、いやそれ以上かもしれない」

「ともあれ縄文・弥生文化という可視的な範囲で、韓国人の先祖の大多数は日本から流れ込んで来たことは、否定すべくもない」

これがＤＮＡや考古学からみた日本人と韓国人の関係なら、「日本人の主な祖先は朝鮮半島から流れ込んできた」なる見方は誤りとなる。

今の日本人と韓国人のＤＮＡが似ているのは、渡来人が朝鮮半島からやって来たからではなく、縄文時代から多くの人たちが玄界灘を渡って朝鮮半島南部へと進出し、千年を遙かに上回る期間そこに流入し、住み続け、往来し、かなりの韓国人の祖先となっていたからだ、となる。

この話しの真偽は本書で明らかにする一部であるが、今にして思えば「今までの考古学者や人類学者の論考を鵜呑みにしていたのでは真実に到達できない」と得心した。

そして糸口を探り当てたことで謎が解け始め、カラクリが分かり、先史時代の実像を把握することが出来た。お陰様で、二十年以上前から頭にこびり付いていた疑念が氷解し、真実を知ることで心も晴れて実にスッキリした。

そこで日本人のルーツに関心を持ちながら、かといって世の定説に納得しがたく、割り切れずにモヤモヤしている方々に、ここで明らかにした真実と知的爽やかさを共有して頂ければと思い、筆を執った次第である。

付　記

特記なき限り、本文中の時代区分と年代及び名称は次の通りとした。なお、文中の傍点は全て筆者が付け加えたものであり、引用文の後に付した（　）内数字は引用書の頁である。

縄文時代	草創期	一三〇〇〇年～一〇〇〇〇年前
	早期	一〇〇〇〇年～六〇〇〇年前
	前期	六〇〇〇年～五〇〇〇年前
	中期	五〇〇〇年～四〇〇〇年前
	後期	四〇〇〇年～三〇〇〇年前
	晩期	三〇〇〇年～二四〇〇年前
弥生時代	早期	前四〇〇年～前三〇〇年
	前期	前三〇〇年～前一〇〇年
	中期	前一〇〇年～　一〇〇年
	後期	一〇〇年～　二五〇年

目次

日本人ルーツの謎を解く

縄文人は日本人と韓国人の祖先だった!

カバーデザイン　竹内文洋（ランドフィッシュ）
カバー写真　©Tomo Yun「ゆんフリー写真素材集」
http://www.yunphoto.net

第一章

司馬遼太郎・山本七平の縄文・弥生観は失当だった

ヒトのルーツはアフリカに行き着く

人類は今から約四九〇万年前、現存するチンパンジーとの共通祖先から枝分かれして誕生したといわれるが、その間、多くの〝種〟が誕生しては消えていった。私たちの祖先である新人＝ホモ・サピエンスが誕生するまで、その共通祖先から類人猿や原人、そして旧人が分岐していったが、現在まで生き残った種はほんの僅かにすぎない。

ジャワ原人や北京原人は絶滅したから、彼らはインドネシア人や中国人の祖先ではない。約五〇万年前に共通祖先から枝分かれし、一時期、新人と共存していた旧人（ネアンデルタール人）も約三万年前に絶滅した。

そして新人はおよそ十四万年前、Y染色体からは九万年前後と推定されているが、アフリカの赤道地帯を南北に縦断する東アフリカの大地溝帯辺りで誕生した。そして約十万年前、新人の一部はアフリカを離れて移動を開始し、世界各地へと拡散して行った（図—1）。

当時は氷河期で、海面は今より一〇〇メートルほど低く、インドネシアはアジア大陸とつながるスンダ大陸を形成していた。その東のニューギニア、オーストラリア、タスマニアも陸続きでサフールと呼ばれる単独の大陸となっていた。

南ルートを選んで移動していった新人は、約五万年前、西アジア、インドを経由し、スンダランドに到着した。その三千年後、サフール大陸へと辿り着いた彼らの一群が、現在のアボリ

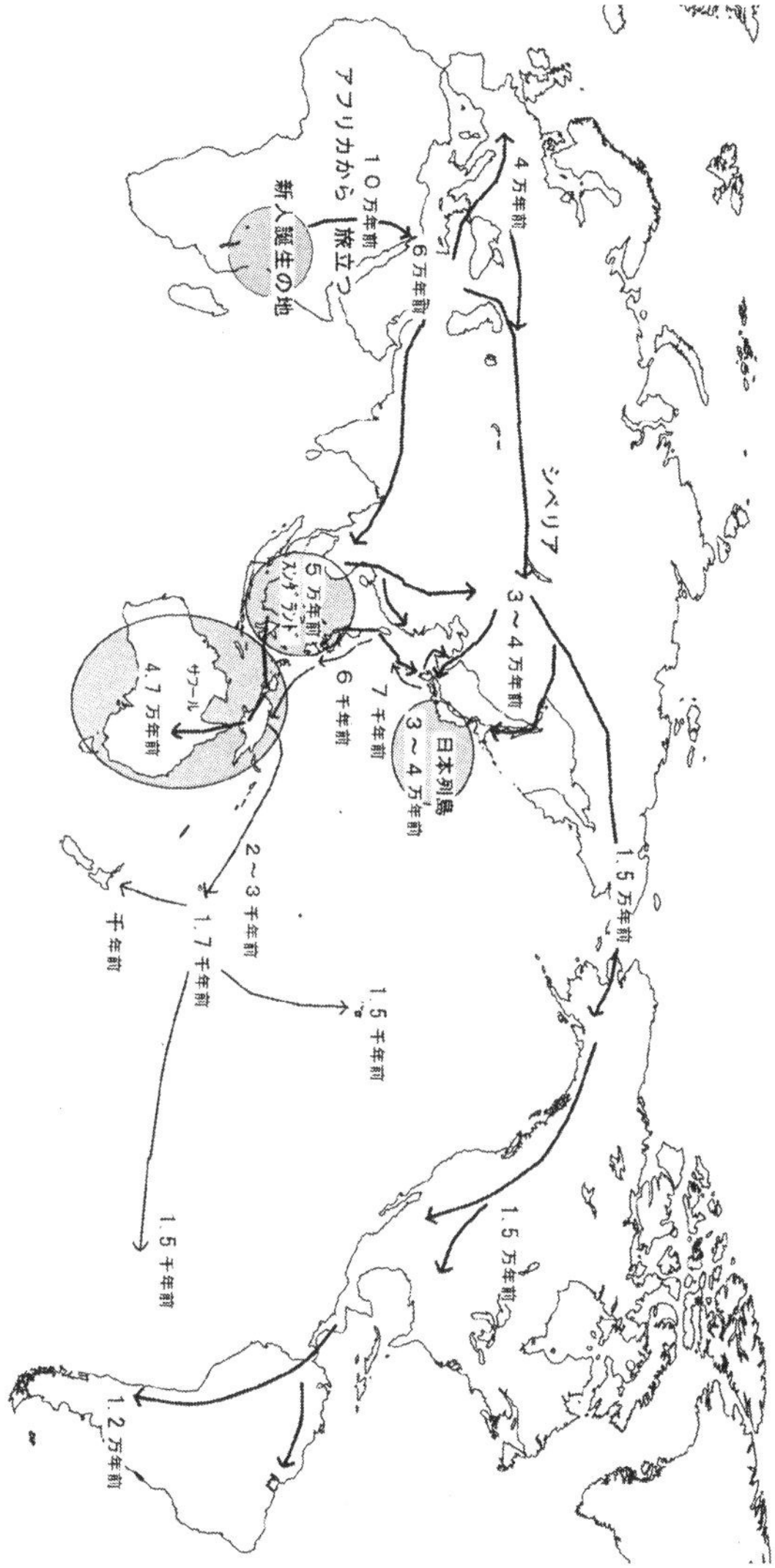

図−１　新人の拡散経路と時期（国立科学博物館「日本人はるかな旅展」を修正、加筆）

ジニやニューギニア原住民の祖先となっている。

わが国では長らく「旧石器時代はない」と考えられていたが、昭和二十四年(一九四九)、群馬県の岩宿遺跡の発見により、旧石器時代から人々が住んでいたことが証明された。そしてこの約三万年前の地層から発見された磨製石斧が、考古学者を困惑させたという。磨製石器が登場するのは約一万年前の新石器時代から、というのが定説だったからである。

その後、日本各地で三〜四万年前の刃の部分だけが研磨された局部磨製石斧が発見されてきたが、これは日本人による世界最古の発明といえる。また狩猟用の「落とし穴」が約二万七千年前の箱根山西麓遺跡群などから発見されているが、これも世界に類例のない発明だった。

そして日本各地から発見された一万カ所を上回る旧石器時代の遺跡が、各方面からの人の流れを裏付けている。


例えば、スンダランド辺りから琉球列島伝いに南九州へやって来た人々がいた。

種子島にある約三万年前の大津保畑遺跡や鹿児島にある二万四千年前の耳取遺跡がこのことを物語っており、沖縄で発見された約一万八千年前の港川人骨が、南から北へとやって来た人々がいた証となっている。だがその後約一万年間、沖縄では遺跡や人骨が発見されないことから、彼らは消滅したと考えられている。

では今の沖縄の人たちのルーツはというと、それは約六千八百年前に、日本から南下した縄文時代の人たちだった。何故なら、彼らのＤＮＡの種類の殆どが本土の人たちと一致しており、沖縄の伊礼原遺跡からは九州産の黒曜石や土器、新潟のヒスイなどが出土していた。更に琉球語は日本語と同系統の言語であることも、本土からの人の流れを裏付けている。

次いで北ルートを選んだ新人は、イスラエル辺りを経由し、約四万年前にヨーロッパに現れた。この彼らが今のヨーロッパ人を構成しており、長らくネアンデルタール人とも共生していた。

同じくイスラエル辺りから北廻りで移動して行った人々もいた。

彼らは、約三〜四万年前にバイカル湖付近に達し、動物が草を求めて南へ移動するにつれ、サハリンやモンゴル辺りから南下、先に到着したスンダランドからシナ大陸沿いに北上した人々と同様に、満洲、朝鮮を経て日本へとやって来た。彼らは今のモンゴル人、中国人、韓国・朝鮮人、日本人などのアジア系祖先の一部を構成している。

マンモスは北海道までだったが、本州以南にはナウマン象や大角鹿などの大型獣が棲息しており、これらの獲物を追って人々は日本へとやって来たと考えられている。

更に六〇〇〇年前以降、アジアを起源としたラピタ人と呼ばれ、ダブルカヌーを操り、南太平洋の島々、ハワイ、ニュージーランドから日本を含む東アジアまで広がった人々もいた。

つまりアフリカを旅立った人々は、あらゆる方面から日本へとやって来た。その結果、今の日本人の遺伝子は、世界でも類例を見ない多様性を有することになったのである。

こう見ると、日本人を含む地球上の人々は全てアフリカに行き着くのだから、その答は既に出ているとも云えるが、私たちが本当に知りたいのは、司馬のいう可視的な、縄文・弥生時代の実像についてなのである。

私たちの縄文・弥生観は何時形成されたのか

新石器時代に分類される縄文時代とは、一万数千年前、日本列島が大陸から切り離された時から始まったとされる。その頃の日本は、暖流が北海道の北端まで流れ込むことで気象条件も大きく変わり、この地にやって来た人々は新たな環境に順応して生きて行くことになった。

この一万年を上回る時の流れの中で、日本民族の基層が形成されてきたと言われているが、旧石器時代以降、私たちの祖先は次のような道を歩み、現在に至っているのである。

三万年前　岩宿遺跡などで人々の生活が営まれる
二万四千年前　鹿児島県・耳取遺跡、南からやって来た人々の暮らしが始まる
二万年前　北方シベリアからも新人が日本列島に流入
南方スンダランドから新人が日本列島へ向かう

一万八千〜一万六千年前　沖縄で港川人が生活
一万六千年前　青森で世界最古の土器が造られる
一万三千〜一万年前　南九州に集落が現れる
一万二千年前　南九州で南方起源を思わせる独自の縄文文化（貝文文化）が展開する
　長江中流域でイネの栽培が始まる
　鹿児島県・耳取遺跡、仁多尾遺跡から稲作の痕跡見つかる（年代未確定）
九五〇〇年前　南九州に定住集落（上野原遺跡）現れる
　島根県・板屋Ⅲ遺跡から稲作の痕跡見つかる（年代未確定）
七〇〇〇年前　長江下流域で稲作が始まる
六〇〇〇年前　この頃、日本列島で熱帯ジャポニカ米が栽培される
五五〇〇年前　長江中下流域で水田稲作が行われる
三〇〇〇年前　北部九州で灌漑施設を伴う水田稲作が行われる

実は、日本民族のルーツに関する論議は江戸時代から行われてきた。そして明治以降、日本に招聘された欧米の学者が、考古学や人類学を持ち込むことでルーツ研究が盛んになり、この時の彼らの判断が今日まで影響を及ぼしている。

例えば、米国の動物学者で東京帝大教授として招聘され、大森貝塚を発見したことで有名な

エドワード・モースは、「本土には本土人ともアイヌ人とも違う人々・縄文人が住んでおり、彼らは今の日本人の祖先とはいえない。記紀の〝国生み〟〝天孫降臨〟〝神武東征〟などが、天皇の祖先が渡来し、先住民を征服したことを物語っている」と主張したという。

またモースらは、縄文土器と弥生土器を作った人々は連続していないと認識しており、この説が大正期以降に定着した。つまり「日本人の先祖は縄文人ではなく渡来人である」なる説は、明治・大正期のお雇い外国人によってレールが敷かれたというのだ。

そして日本人のルーツに関する話題は、優れて今日的な意味合いを持つ故に、その後も私たちの関心事であり続けた。

戦前は、海外進出に伴う近隣諸国との関係から避けて通れないテーマとなり、戦後も近隣諸国との関係から、自らのルーツへの関心は途絶えることはなかった。

古代遺跡への関心や書店に溢れる書物がそれを表しているが、それらを読めば正しい縄文・弥生時代観が得られ、私たちのルーツが分かるかと云えば、残念ながらそのような書物に巡り会ったことがない。では世の定説は、縄文・弥生時代をどう捉えてきたのか、先ずこの辺りから話を始めることにしたい。

司馬遼太郎の「縄文・弥生観」を嗤う

昭和六十二年（一九八七）、司馬遼太郎はケンブリッジ大学・英国日本学研究会主催のシンポジウムでの特別講演、『文学から見た日本歴史』で次のように語り始めた。

「まさしく日本列島は、太古以来、文明という光源から見れば、紀元前三〇〇年ぐらいに、稲を持ったボートピープルがやって来るまで、闇の中にいました。この闇の時代のことを〝縄文時代〟といいます。旧石器時代に続く時代で、この狩猟採集生活の時代が八千年も続いたというのは、驚くべきことです。文明は、交流によってうまれます。他の文明から影響を受けずにいると、人類は何時までも進歩しないということを雄弁に物語っています」

その十年後、縄文研究で知られる小山修三・国立民族博物館教授（当時）は、縄文世界を次のように描いていた。

「縄文人はおしゃれで、髪を結い上げ、アクセサリーを着け、赤や黒で彩られた衣服を着ていた。技術レベルは高く、漆器、土器、織物まで作っていた。植物栽培は既に始まっており、固有の尺度を使って建物を建て、巨木や盛り土による土木工事を行っていた。聖なる広場を中心に計画的に造られた都市があり、人口は五〇〇人を超えたと考えられている。ヒスイや黒曜石、食糧の交換ネットワークがあり、発達した航海術によって日本海や太平洋を往還していた。その行動域は大陸にまで及んでいたらしい。先祖を崇拝し儀礼に篤く、魂の再生を信じている。ヘビやクマなどの動物、大木、太陽、山や川や岩などの自然物に神を感じるアニミズム的な世界観を持っていた」(3)(『縄文学への道』NHKブックス一九九六)

次いで司馬は、「紀元前三世紀に日本列島に大きな革命がおこります。稲作が始まったのです」と続けたが、現在の知見によれば水田稲作は紀元前一〇世紀には始まっていたと考えてよい。今から思うと、このことが公表されたのは平成十五年(二〇〇三)だったから、この講演に生かすことは出来なかったが、もう少しましな言い方もあったはずである。

それは氏の英国講演の十年前、昭和五十三年(一九七八)、福岡県の板付遺跡において縄文土器だけが出土する地層から水田遺構が発見されていたからである。更に昭和五十五年(一九八〇)から翌年にかけて佐賀県唐津市の菜畑遺跡から、より古い時代の縄文土器と共に灌漑施設を伴う水田遺構も出土した(図—2)。

NHKスペシャル、『日本人はるかな旅4』イネ、知られざる一万年の旅(二〇〇一)(以下『はるかな旅4』)で、NHKディレクターの浦林竜太氏は次のように記していた。

「ふつう遺跡の発見というものは、せいぜいその地区内のニュース止まりなのだが、菜畑遺

図－２　日本最古（紀元前十世紀）の水田址、佐賀県・菜畑遺跡（復元、「末盧国」ＨＰより）　現在と比べても遜色のない「灌漑施設を伴った水田址」が延々と続いていた。この時代から日本人は水稲米を食べていた。

跡は違っていた。いっせいに全国、更には世界にも発信される大ニュースとなったのである。その理由は〝日本最古の水田跡〟にあった。年代は二六〇〇年前、縄文晩期にまで遡る。従来、日本列島の水田稲作は弥生時代（二三〇〇から一八〇〇年前）頃に、朝鮮半島方面からやって来た渡来民によって始まるというのが定説であったが、菜畑遺跡の発見はその常識を覆すことになった。時代はさらに三〇〇年遡り、水田を作った主体も日本列島在来の縄文人であることが分かったのである」(96)

これが〝世界に発信された大ニュース〟なら、氏の講演を聴いていた英国の日本学研究会員もとうの昔にこの事実を知っていた可能性が高い。すると司馬は、何年も前に否定された旧聞を英国の知日派知識階層の前で語り続けたことになる。

氏が本当に日本の古代に興味を抱き、十年前のビッグニュースを知っていれば「縄文晩期には縄文人の手によって灌漑施設を伴う水稲栽培が行われており……」と語れたはずだった。以下は推測の域を出ないが、知っていながら話さなかった可能性も残っている。

仮に、縄文時代の水田稲作を認めると、氏の「この闇の時代を縄文時代という」、「紀元前三世紀に稲作が始まった」、「我々日本人の祖先の大多数は朝鮮半島から流れ込んできた」などの固着概念がドミノ式に倒壊し、氏の縄文・弥生時代のパラダイムが崩壊しかねないからだ。

今にして思うと、菜畑遺跡を知っていた英国人にとって、司馬は胡散臭いピエロだったろう。「ここまで来て、何故こんな話しをまことしやかに語るのだろう」と訝ったに違いない。氏は英国の日本研究の専門家の前で、失礼でお恥ずかしい講演を行っていたのだが、それは司馬だけではなかった。

山本七平の縄文認識も失当だった

久しぶりに『日本人とは何か　上』（山本七平　ＰＨＰ一九八九）を読み返した。「日本文化の特性を探る〈山本日本学〉の集大成！」と銘打った同書の冒頭、氏は「外国人から日本人という民族に〝何か理解しかねる〟という感じから発せられた問に接した場合、次のように答えることにしている」と記していた。

「日本人は東アジアの最後進民族です。先進・後進を何によって決めるか、どのような尺度を採用するかは相当に難しい問題でしょうが、例えば数学ですね。中国人は偉大な民族で、西暦紀元ゼロ年頃、既に代数の初歩を解いていたのですが、当時の日本人ときたら、やっと水稲栽培の技術が全国に広がったらしいという段階、まだ自らの文字も持たず、統一国家も形成しておらず、どうやら石器時代から脱却したらしい状態です。

この水稲栽培、即ち農業に不可欠なのが正確な暦ですが、ヨーロッパ人がメトン法（十九年七閏の法）を発見したのが紀元前四三二年、一方中国人は紀元前六〇〇年頃に既にこれを発見していました。中国人は当時の超先進民族です」(29)

では氏の時代認識は正しいか、お復習いしてみよう。

例えば文明の先進性を測る尺度の一つである土器について見ると、平成十年（一九九八）、青森の大平山元《おおだいやまもと》Ｉ遺跡から一万六千年前の土器が出土した。

それまでの世界最古の土器は約八千年前というから、エジプトやメソポタミアは勿論、氏の言う「偉大な中国民族」より何千年も前から日本列島の人々は土器を造っていた。それ以後も人々は土器を造り続け、世界の四大文明より数千年も早い九五〇〇年前に花開いた九州の上野原遺跡からは、弥生土器と見紛う約七千五百年前の土器も発掘されている。

つまり縄文時代の人たちは世界の最先端を走っていた。

爾来、日本各地で様々な土器が継続的に、しかも大量に造り続けられた。「土器編年」（遺跡より出土する土器をベースに年代を決めてゆく相対的な年代推定法）が、縄文・弥生時代の年代決定に影響力を持った所以である。

また木造建築の先進性の証拠として、一万二千年前から弥生時代まで続いた富山の桜町遺跡から、精巧な木組みを用いた四千五百年前の高床式建物が出土した。この事実から、高床式建物は稲作と共に渡来人がもたらした、なる説も「誤」であることが確定した。

そして約三十五㎝を単位とする尺度があったとも考えられ、奈良の法隆寺や東大寺の技術的基礎はこの時代から育まれていたのである。

平成十二年、北海道の垣の島B遺跡から約九〇〇〇年前の漆器が発見された。これは朝鮮など問題外であり、中国より二千年も早い世界最古の漆器だった。ＤＮＡ鑑定の結果、そこで使われた漆は日本固有種であり、縄文時代の人たちはこの分野でも世界の最先端を走っていた。

発明の古さと、縄文時代の人たちの行動範囲が朝鮮半島から大陸までに及ぶことに思いを巡らす時、文明の基本、土器、漆器などの技術は、日本から彼の地へと伝えられた可能性も否定できない。年代からして逆はありえない。


また氏は「日本人ときたら、まだ自らの文字も持たず」と言われたが、八世紀末の正倉院文書にみられるように、この頃までに仮名が発明されていた。九世紀後半になると和歌に平仮名が使われ、以後仮名文学が百花繚乱となって現在に至っている。

今の韓国や北朝鮮で使われている文字、「ハングル」とは、日本に遅れること七百年、十五世紀に造られた朝鮮語の表音記号だった。だがそれは当時から、無知・無学な者の使う文字、「オンムン」として朝鮮人知識階級・両班《リャンパン》から侮られ、蔑まれ、日本が半島を統治するまで殆ど使われなかった。

従って「自らの文字も持たず」の観点から「東アジアの最後進民族」を探せば、それは朝鮮民族とならざるを得ない。

シナでは確かに今から約三五〇〇年前、大陸の殷の時代、人々は漢字を発明したが、読み書き出来たのは一握りのエリートに過ぎなかった。戦前は勿論、戦後になっても殆どの人は漢字が使いこなせず、戦後、共産党が大陸を支配するに及んで漢字を放棄して簡体字に移行した。その結果、今の中国人は漢字の読み書きが困難になっている。

つまり中国人は、中華人民共和国になって漸く自らの文字＝簡体字を持ったのだから、氏の尺度からすると中国人が最後進民族とも言えよう。

氏の「国家統一」とは何を示すのか不明だが、日本は十世紀にはほぼ国家統一をなし遂げ、支配地域を拡大していった。しかしシナは二十世紀半ばまで分裂したり異民族に支配されたり、他民族を侵略したりしてきた。朝鮮民族は今も分裂したままであるから、この点では日本民族が最も進んでいる。そして最も遅れているのは朝鮮民族であろう。

文字のない時代、日本に〝天文学〟という名があったかは不明だが、約八〇〇〇年前の三宅島や本土の縄文遺跡から、伊豆諸島の神津島産黒曜石が発見されている。

約六〇〇〇年前の八丈島の縄文遺跡からもこの黒曜石が発掘されているから、この時代の人たちは見えない島を目指して黒潮を乗り切る航海術を持っていたことになる。星や太陽の運行を理解していなければ外洋を乗り切り、見えない目的地に到達することは不可能だから、当時の人々は天文学の知識を持ち、使いこなしていたに違いない。

また太陽運行を意識して作られたストーン・サークルや日時計を思わせる遺跡も、各地で発掘されている（栃木県寺野東遺跡、群馬県天神原遺跡、秋田県大湯遺跡等）。更に、縄文人は農業も行っていたから何等かの暦を使っていたに違いない。

こう見ると、私たちの祖先は「世界の最先端を走っていた偉大な民族」だったことが浮かび上がってくる。つまり氏の「日本人は東アジアの最後進民族」なる認識は失当といわざるを得ないのである。

何故、司馬・山本両氏は稲作開始時期を誤認したか

続いて氏は、紀元前六〇〇年頃の日本についての時代認識を披瀝した。だがこれも今日の知見からすれば大きく外れていた。

「その頃の日本ですが？　縄文後期でまだ石器時代、勿論農業も知りません。当時の中国と日本を比較した人がいたとしたら、その文化格差は、当に絶望的懸隔と見えたでしょう」(30)

先に紹介した菜畑遺跡の水田遺構は紀元前六〇〇年頃のものとされ、しかも立派な灌漑施設を伴っていた。筆者の記憶では、氏は「新聞は読まない」と何処かに書いていたが、少し調べれば稲作の開始時期を誤認せずに済んだはずである。

というのも氏がこの本を上梓したのは、北部九州で縄文土器と共に水田稲作跡が発掘されてから何年も後のことだったからだ。このビッグニュースが氏の縄文・弥生観に影響を与えてないことが理解できなかった。

その後発掘された、約五五〇〇年前から一五〇〇年間続いた青森の三内丸山遺跡では、大麦、粟、稗、豆、キビ、瓢箪、エゴマ、が栽培され、酒も造っていたことが明らかになった。狩猟・採取だけでは五〇〇人以上の大集落、三内丸山の生活は維持できない。

日本では牧畜は行われなかったが、漁労は盛んだったらしく、各地から多くの魚やイルカの骨が出土している。海辺では牡蠣の養殖も行われていたらしい。

昭和五十五年（一九八〇）に発掘された縄文晩期の山梨県・金生《きんせい》遺跡から出土した一三八体の猪は、その下顎の犬歯が除去されており、この猪は飼育されていたと考えられている。菜畑遺跡では豚も飼育されていたから、氏の「勿論農業も知りません」も失当だった。

そして稲作に対する氏の認識も、司馬と大差なかったことが次の一文から見てとれる。

「紀元前三〇〇年以前に、大陸から、水稲栽培の技術と鉄器と家畜をもつ新来者が渡来し始めたと思われる」(36)、「日本は稲作でも東アジアの最後進民族であろう」(37)(前掲書)

縄文時代の認識が狂うと弥生時代の認識も狂う、ということは氏においても例外ではなかった。そして何より不思議なのは、何年も前に反証たりうる遺跡が発掘されていたのに、高名なご両人が揃いも揃って水田稲作の開始時期を誤認していた、という事実である。

新たな考古学的発見が頭に入って行かず、水田稲作の開始時期は相変わらず「紀元前三〇〇年」のままだった。これは『日本人とは何か』を考える上で貴重な研究テーマとなる。

一つの回答は、如何に高名な作家や知識人でも、明治この方、世に流布されてきた常識や定説というウロコを剥がすことは出来なかった、ということだろう。長年に亘る学校教育や世の中の常識に呪縛されていたのかも知れない。

では司馬・山本両氏は勿論、私たちの縄文・弥生観の基層を形成してきた公教育、子供たちの頭に歴史観を注入する歴史教科書には何と書いてあるのか、その辺りから確認してみよう。その内容を知ることで、この教科書づくりに関与してきた大人たちの頭の中身も、併せて窺い知ることが出来るからである。

確立している「誤・偽」↓「愚」サイクル

ここに最大シェアを誇る、文科省検定済の『新編　新しい社会6上』（東京書籍二〇〇四）がある。この小学六年生用の歴史教科書は次のように始まっていた。

「米づくりのむらから古墳のくにへ――まちの遺跡を探検しよう
ここは福岡県福岡市にある板付遺跡です。板付遺跡は、大昔の水田のあとが見つかった遺跡として有名です。このころの時代を、弥生時代といいます。
板付遺跡で見つかった水田のあとは、今から二三〇〇年も前のものです」

誰がこんなことを書いたのかと思って奥付を見ると、多くの大学教授、名誉教授、学長、校長、教諭など総勢四十名が名を連ね、他に氏名を公表出来ない、怪しげな〝ほか一名〟とあった。そして執筆者の代表筆頭に佐々木毅・東京大学総長（当時）の名があった。

つまりこの文章は、佐々木氏を始め、この教科書に関与した教育関係者にとって真実であるからこそこう記述し、諒としたのだろう。思えば彼らだけではない。文科省の検定官から全国の教育委員、現場の教師に至るまで、違和感なく受け入れられたからこそ、この言いようがまかり通ってきたに違いない。

彼らは稲作の開始時期を、厳密には水田稲作の開始時期を「二三〇〇年前の弥生時代に始まった」と教えられ、それを信じ、今度は子供たちにそう教えている。

司馬・山本両氏の時代はさておき、今の子供たちも、このように教えられているとは驚きだった。つまり義務教育では、子供たちが知っておくべき大切なこと、「縄文晩期から水田稲作が行われていた」という事実が教えられていない。

この教科書は、縄文時代の水稲栽培を否定していないから「誤《あやまり》」とは言えないが、「偽《いつわり》」であることに異論はあるまい。更に頁をめくると、次のように記していた。

「学習問題をつくろう。ひとみさんたちは、遺跡や資料館で調べたことをもとに、気づいたことや疑問に思ったこと、もっと調べたいことを話し合いました。

・米作りの技術は、おもに朝鮮半島から移り住んだ人々によって伝えられたそうです。

・米づくりが広がったころ、朝鮮半島から日本列島へわたってきて住みつく渡来人が大勢いました」

先程の記述が「偽」ならこれも「偽」となる。「縄文時代から水田稲作が行われていた」と正しく記述すればこうは書けなくなる。後述するようにコメづくりは日本の方が早かったし、朝鮮半島から日本へ水稲米が伝えられた可能性はゼロなのである。

後段の「朝鮮半島から日本列島へわたってきて住みつく渡来人が大勢いました」も事実に反する。『日本人はるかな旅5』（NHK出版二〇〇二）（以下『はるかな旅5』）の表現を借りれば、弥生時代の渡来人はパラパラと「ぜいぜい年に二〜三家族程度」に過ぎなかった。

話しは逆で、この時代、朝鮮半島南部にはかなりの縄文・弥生遺跡があり、日本から多くの人々が半島へと進出していた。

ご覧のように、わが国の公教育では新たな考古学的「事実」が反映されず、学校では子供たちを「愚」へと導く「偽」が教えられ続けている。つまり、公教育を媒体に、戦後一貫して「誤・偽」→「愚」サイクルが回り続け、私たちを狂わせてきたのだ。

優秀なほど「愚《おろか》」なるパラドックス

これは後日譚であるが、『よみがえる日本の古代』（金関恕監修　小学館二〇〇七）の「弥生時代1　米作りが始まる」の絵をみて「何処かで見たことがある」と思った。よく見ると左上に小さく「新編　新しい社会6上（東京書籍）」とあった。

驚いたのはこの絵の説明だった。そこには「これが日本最古の農村の風景だ。二八〇〇年前、北九州の板付の人々は……」とあり、同じ絵なのに年代が五〇〇年も遡っていた！

これは歴史教育関係者の無知に対する金関氏の皮肉のように見受けられた。何故氏以外、誰も公教育の現状に気づかないのか。実はそこには構造的欠陥があったのである。

既に見たように、わが国の歴史教育においては「誤・偽」がまかり通っており、義務教育で「誤や偽」を頭に強制注入された子供たちは当然「愚《おろか》」になる。

だがわが国では、この「誤・偽」をより完全に注入した「愚」ほど優秀と見なされ、「誤・偽」を「正・真」としてより完全に受け入れた「愚」が長じて指導的立場に就く場合が多い。そして時に彼らが学者や教師に、学長や総長に、教科書の執筆者や検定官に、知識人や文化人に、作家や評論家に、記者や論説委員に、政治家や役人になって行く。

思えば、何世代にも亘って「誤・偽」↓「愚」サイクルの渦中にある者が、新事実を受け入れないのは当然だった。

そして頭が「誤や偽」で汚染されている彼らが、今度は子供たちの頭に「誤や偽」を再注入しているのだから、このサイクルは止まらない。東大総長を筆頭に、あれだけの大学教授や教育関係者の誰一人として気付かないことが証左となっている。

司馬・山本両氏もこの渦中にいたのだが、それは彼らだけではなく、この「誤や偽」が日本人のルーツを研究する多くの人類学、分子人類学、考古学などの専門家の頭をも汚染し、判断を狂わせてきた実例を後ほど明らかにしたい。

これは余談であるが、実は縄文・弥生認識の「偽」はホンの一例であり、わが国の歴史教育では国の始まりから近現代に至るまで「誤や偽」に満ちている。

それは戦後六十年以上に亘り、このサイクルに多くの「誤や偽」が次々と混入され、日本人の頭を世代から世代へと汚染することで「愚」民の拡大再生産が今も続いているからである。

（『続・文系ウソ社会の研究』254）


従って、わが国だけの特異現象、優等生ほど「愚《おろか》」、というパラドックスの害毒に多くの人は気づいていない。おそらくサイクル内の人たちの頭は死ぬまで気づかない。

このパラドックスから産み落とされる「誤や偽」は、世代間を通して頭から頭へと伝染するペストである。この蔓延を知った以上、根治することが世のため人のためであり、今はあの世におられる司馬遼太郎、山本七平両氏からも感謝されるに違いない。

では私たちを「愚」へと引き込む「誤・偽」→「愚」サイクルからスピンアウトし、先ずコメ作りの真実を見てみよう。

第二章

縄文時代から続く日本のコメづくり

コメは六〇〇〇年前から作られていた

戦後の高度成長に伴い、日本各地で大地が掘り返され、多くの遺跡が目を覚ました。その数、年間数千件から一万件ともいわれ、遺跡残留物などの分析により縄文・弥生時代の様子が詳しく分ってきた。特筆すべきは、縄文時代からコメが作られてきた証拠が各所で発見されたことであろう。

その嚆矢は、平成十一年（一九九九）四月二十二日の新聞報道、「岡山・朝寝鼻貝塚、国内最古六〇〇〇年前に稲作」なる記事である。この衝撃を『はるかな旅4』は次のように記していた。

「この発見に至った研究チームのリーダー的存在が、考古学者の高橋護氏（ノートルダム清心女子大学教授）である。高橋氏が初対面の私に話してくれた一言が忘れられない。これだけの土器文化を持ち、大集落を築き上げた人々が農耕技術を持たなかった例が世界の他の地域にありますか。青森県の三内丸山遺跡を始め、ここ数年来次々と明らかになりつつある縄文人の文化の高さから見て、稲作などの農耕も縄文時代から絶対に行われていたはずである、と高橋氏は確信していたのである。

こうした縄文農耕論を支持する研究者が最近増えている。（中略）しかし今まで長らく発見されてこなかった縄文稲作の証拠が、いま何故発見されるに至ったのだろうか」（36）

それは「プラントオパール分析法」であった。イネ科の植物には、宝石のオパールと同質のガラス質で被われ、特有の形をした四〇～五〇ミクロンの細胞化石が含まれている（図―3）。この物質は極めて強靭であり、例えばイネが腐食して跡形無く消え去っても、焼かれて灰になっても、このオパール部分は細胞の形を崩すことなく何千年も残留する。

「聞けば高橋氏は、考古学を学んでいた学生時代から〈縄文人＝一万年変わることなく続いた原始的狩猟採集民〉という通説に大きな違和感を持っていたのだという。長らく持ち続けた自らの疑問が少しずつ解かれようとしている今、研究には一層熱がこもる。

現在までに確認できた縄文稲作の痕跡は島根県や鹿児島県の遺跡など全国九ヶ所。しかも縄文前期（六〇〇〇―五〇〇〇年前）以降、中期（五〇〇〇―四〇〇〇年前）、後期（四〇〇〇―三〇〇〇年前）とプラントオパールによる稲作の痕跡がコンスタントに見つかっていることから、日本の米作りは太古六〇〇〇年前から途切れることなく現在まで、連綿と続いていることも分かってきたという」(38)（前掲書）

日本には野生のイネがないことが、プラントオパール分析法による稲作確定の根拠となっている。その後も三十カ所を上回る縄文遺跡からプラントオパールが発見され、稲作を含む「縄文農耕論」は、ほぼ確実な情勢となった。

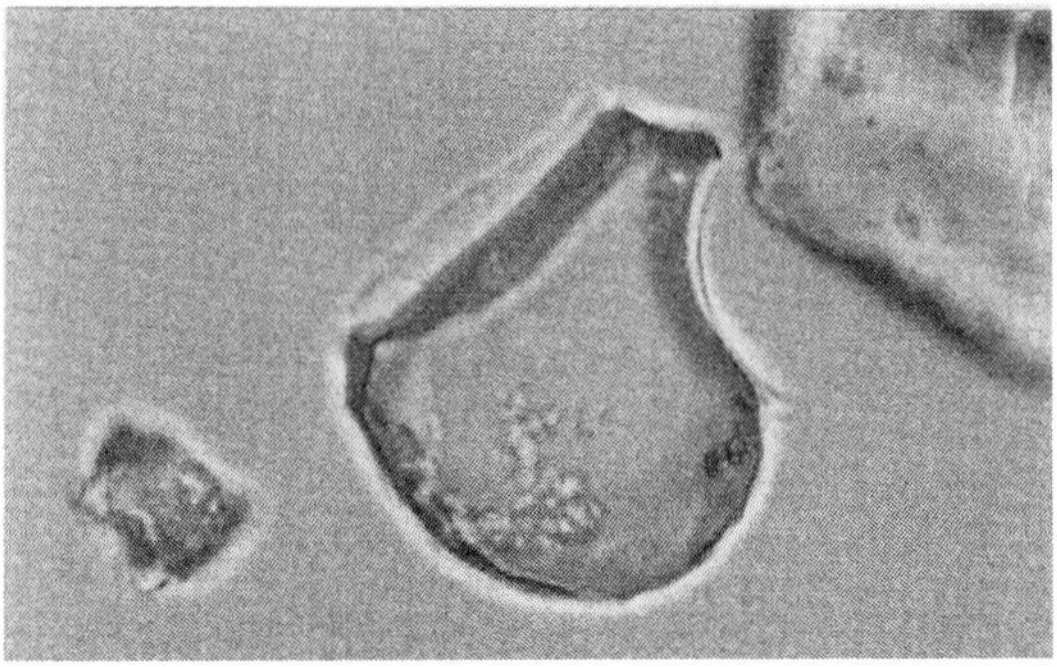

岡山市　朝寝鼻貝塚　６０００年前のイネのプラントオパール

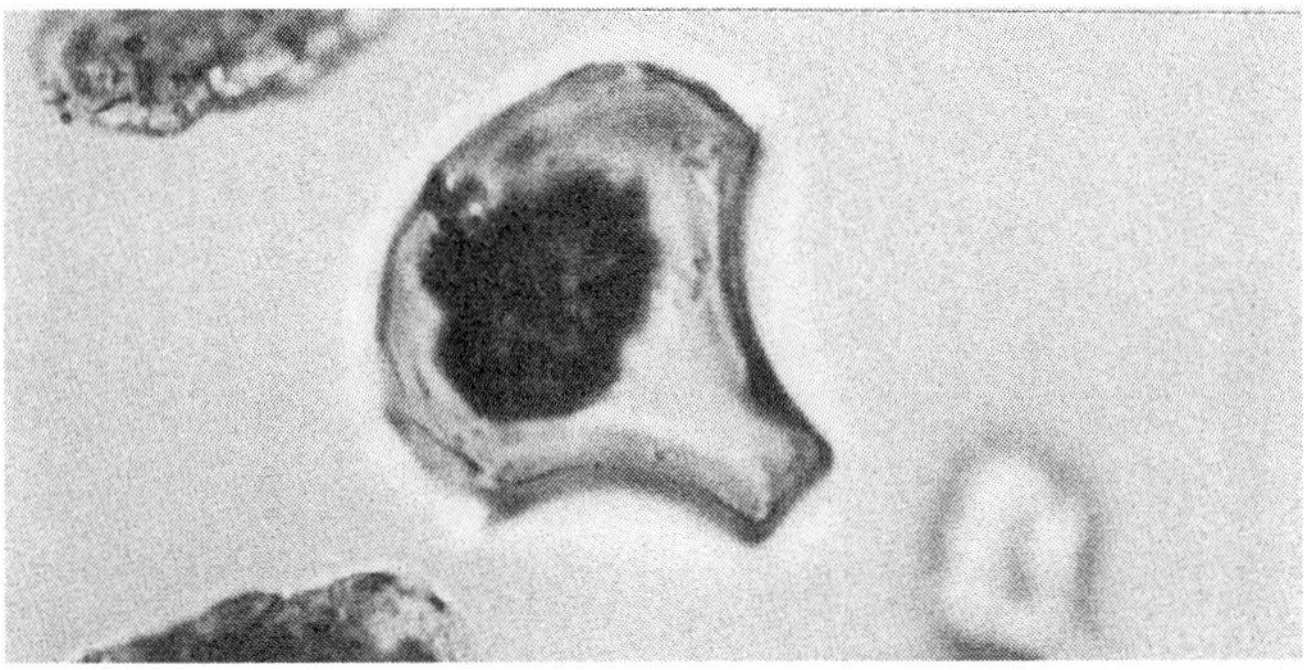

岡山県美甘村　姫笹原遺跡の縄文土器胎土のプラントオパール

図－３　縄文時代のプラントオパール(『日本人はるかな旅４』ＮＨＫ出版刊より)
美甘村は標高五百メートルの中国山地の小さな山間集落である。また瀬戸内海に近い倉敷市の矢部貝塚、福田貝塚の縄文土器胎土からもプラントオパールが発見されている。即ち縄文時代中期には、広く稲作が行なわれていたと考えられる。

昭和六十三年（一九八八）から発掘が始まった青森県の風張遺跡からも、三〇〇〇年前の米粒が見つかった。コメの種類は熱帯ジャポニカ、即ち畑作か焼畑米と推定されているが、日本では縄文時代の後期から晩期にかけて、この地まで稲作が広がっていたのである。

こうして確定した「縄文稲作論」

総合地球環境科学研究所主幹・佐藤洋一郎氏は、コメのフィールド研究とＤＮＡ研究を通して「縄文稲作論」を固く信じており、稲作が始まり、伝搬したプロセスを次のように述べていた（『弥生時代はどう変わるか』学生社二〇〇七）。

「日本列島の稲作の歴史について、日本の学界は長く二つの誤った見方をしてきたように思う。一つは、稲作の開始が弥生時代の水田稲作の開始にあるという見方、もう一つが水田稲作が始まってからというもの、その姿は今日まで殆ど変わっていない、という見方である」（56）

氏は「今まで縄文稲作論が受け入れられるようになってきたのは漸くここ十年ほどのことに過ぎない」とし、縄文稲作論への批判に対し「考古学者は米づくりを知らない」と反論した。

「確かに、縄文時代には、晩期を別とすれば水田址はない。だから稲作＝水田稲作という図式をおけば、縄文時代に稲作はなかったという論理はそれなりに〝正当〟に見える。しかし、この図式は正しくない。アジアには、例えば焼畑のように、水田ではない環境で栽培されているイネが至るところにある」(58)(前掲書)

次いで「最近、池橋宏氏は、縄文稲作を否定される説を出された。氏は、焼畑稲作というものを皮相的に、現代のそれと同じものととらえておられる。氏には焼畑稲作と照葉樹林稲作の区別が出来ていない」と反証を挙げて斬り捨てた。

「ところで、縄文稲作を決定づけてきたプラントオパールについても疑問が提出されてきた。その最大のものは、プラントオパールが数十ミクロンと小さく、また水より比重が大きいため、新しい時代の(上の)層から、古い時代の(下の)層へ流れ込むという危険がある、というものである。また実験室の中での誤入の危険もゼロではない。
しかし、縄文時代のプラントオパールの中には、縄文土器の胎土の中から検出されたものもある。(中略)更に最近では、山崎純男氏の論文にもあるように、縄文時代の土器から、コクゾウムシと思われる昆虫遺体も見つかっている」(59)(前掲書)

胎土とは縄文土器を造ったその時代の土であり、そこからイネのプラントオパールが発見されている（42頁図―3）。また山崎氏の示した証拠とは、走査電子顕微鏡で確認された縄文土器に付いたモミやコクゾウムシの痕跡写真だった。ここに至り〝縄文稲作論〟は確定したと言って良いだろう。

今にして思えば、弥生時代に朝鮮半島からやって来た渡来人、渡来人がもたらしたとされるコメづくり、コメと皇室、それと今の日本人が結びつくというのは、何ものかによってわが国に混入された「偽」が描きだす蜃気楼だった。

即ち、皇室において十一月二十三日に執り行われる新嘗祭とは、新穀である五穀、稲、麦、粟、稗、豆を天神地祇に勧め、天皇自ら食し、収穫に感謝する祭祀であるが、そこにはコメ以外に麦、粟、稗、豆が含まれており、それらは決して弥生時代以来の伝統ではなく、その根は深く縄文時代にまで達していたのである。

ＮＨＫ発の大ニュース「朝鮮半島に縄文・弥生遺跡があった」

日本各地から出土する遺物は、太平洋諸島、沖縄列島、日本列島周辺で活躍する海洋民族の存在を示し、それが一万数千年ともいわれる縄文文化の一翼を担ってきた。

この時代の船は、縄文時代前期（六〇〇〇年前）の千葉県加茂遺跡や福井県の鳥浜遺跡を始め、多くの遺跡から出土しており、その殆どが長さ六ｍ以上、直径八〇㎝以上の丸太をくり抜いた丸木船である。そして彼らの行動範囲が予想以上に広いことも分かってきた。

既述の通り、八〇〇〇年前、神津島の黒曜石は三宅島、御蔵島、本土へと分布し、六〇〇〇年前には八丈島にまで広がっていた。

また青森県の三内丸山遺跡からは、ヒスイ、琥珀、黒曜石などが大量に発掘された。ヒスイは北海道の渡島半島、東北北部、北九州、沖縄からも発見され、魏志倭人伝にもヒスイと思われる記述があり、原産地である新潟県糸魚川から、日本各地は勿論、少なくとも朝鮮半島まで、場合によっては大陸まで交易する集団が古くから活躍していたに違いない。

その証拠として近年、朝鮮半島南部から縄文遺跡が相次いで発見され、縄文時代の人たちはこの地まで進出していたことが明らかになった。

「実は三〇〇〇年前頃から縄文人たちは、九州あたりを出て朝鮮半島南部までの海を越えていたことが分かってきた。（中略）対馬からほど近いこの慶尚南道や釜山広域市で、最近相次いで日本列島から縄文時代の人々が渡っていたことを示す痕跡が見つかっている。東三洞貝塚では大量の縄文土器と九州産の黒曜石が出土した。朝鮮半島には独自の土器があり、そこで出土する縄文土器は縄文人がやってきた確かな証拠品といえる。朝鮮半島では銛や鏃といった漁労具や狩猟具に最適な黒曜石が産出されない。このため朝鮮半島で特に貴重であった黒曜石を携え、縄文人たちは交易にやってきたのではないかと考えられている」（93）（『はるかな旅4』）

東三洞貝塚とは、釜山市にある七千から三千年前に亘る縄文遺跡である。つまり縄文時代の平行期、人々は日本から半島へと進出していた。『はるかな旅4』によると、「縄文土器の発見などから、今韓国の研究者の間では縄文人の研究が盛んになっている、縄文人たちは交易にやってきたのではないか」（図―4）とのことであり、同書の見出しは〈縄文人の朝鮮半島出張〉だった。

だが、あの重い縄文土器を小さな丸木船に大量に乗せたうえでの渡航は考えられない。長期に亘り縄文時代の人たちが半島南部で生活し、土器を作っていたからこそ大量の土器が発見されたのだろう。更に九州産の黒曜石が発見されたことから、彼らは消耗品である黒曜石を供給するため、定期的に往来していたに違いない。

図－4　韓国南部、東三洞貝塚から出土した縄文土器の一部（『日本人はるかな旅４』ＮＨＫ出版刊より）　縄文時代から日本人が朝鮮半島南部に進出していた。

『はるかな旅４』が発刊されて六年後、『発掘された日本列島２００７』（文化庁編　朝日新聞社）は次のように記し、この見方を裏付けた。

「東三洞の貝塚から出土した九州の縄文土器をよく見ると、形や文様が九州本土から出土する縄文土器と微妙に異なることが分かってきました。おそらく九州から渡っていった縄文人が、その周辺で長期滞在して記憶が薄れたか、二世が土器を造ったために、九州にない九州の縄文土器になったのでしょう」

当時の九州の人たちは、縄文時代から半島南部に根をはり、日本と半島、場合によっては大陸を含む交易に従事していた。『はるかな旅４』には記していなかったが、二〇〇一年のＮＨＫスペシャルは次のような事実も明らかにしていた。

「朝鮮半島南部、慶尚南道の三千村の沖合にある勒島で、架橋工事に伴い発掘が続いている遺跡群がある。ここからは三千から二千年前頃の、即ち日本の縄文晩期から弥生時代中期にわたる日本列島からやって来た人々の土器（縄文土器や弥生土器）が見つかっている」

今まで、「大勢の渡来人が日本へとやって来た」とされた時代、逆に、かなりの日本人が半島へと進出していた。半島南部から発見された多くの遺跡や縄文土器、弥生土器がこのことを証明している（図―5）。かつて学校で「弥生土器とは渡来人の土器」と習った記憶があるが、それは誤りであり、弥生土器とは日本列島の人々が造った土器なのである。

縄文晩期から行われていた水田稲作

板付遺跡は、縄文晩期から弥生後期まで営まれた日本最古の稲作集落の一つである。

その認知は古く、大正五年（一九一六）、弥生前期末の甕棺と細型銅剣三本、銅矛三本を副葬した墳丘墓が発見された。その後も、弥生時代初頭の土器と縄文時代末期の土器が一所から出土し、石包丁や炭化米なども発見されてきた。

昭和五十三年（一九七八）、その下層、縄文晩期の標準的な土器とされる夜臼《ゆうす》式土器だけが出土する地層から、一区画が四〇〇㎡もある立派な水田跡が発掘された。つまり縄文晩期の人たちが水田耕作を行っていたことが明らかになった。

だが、関係者は定説を覆すこの発掘に自信が持てなかったという。その二年後、菜畑遺跡において、夜臼式土器より古い、山の寺式土器だけが出土する地層から、灌漑施設を伴った水田稲作跡が発見された。このことを『はるかな旅４』は次のように記していた。

「なぜ縄文人だと考えられるのか。それは発掘された生活道具が、すべて縄文文化に由来す

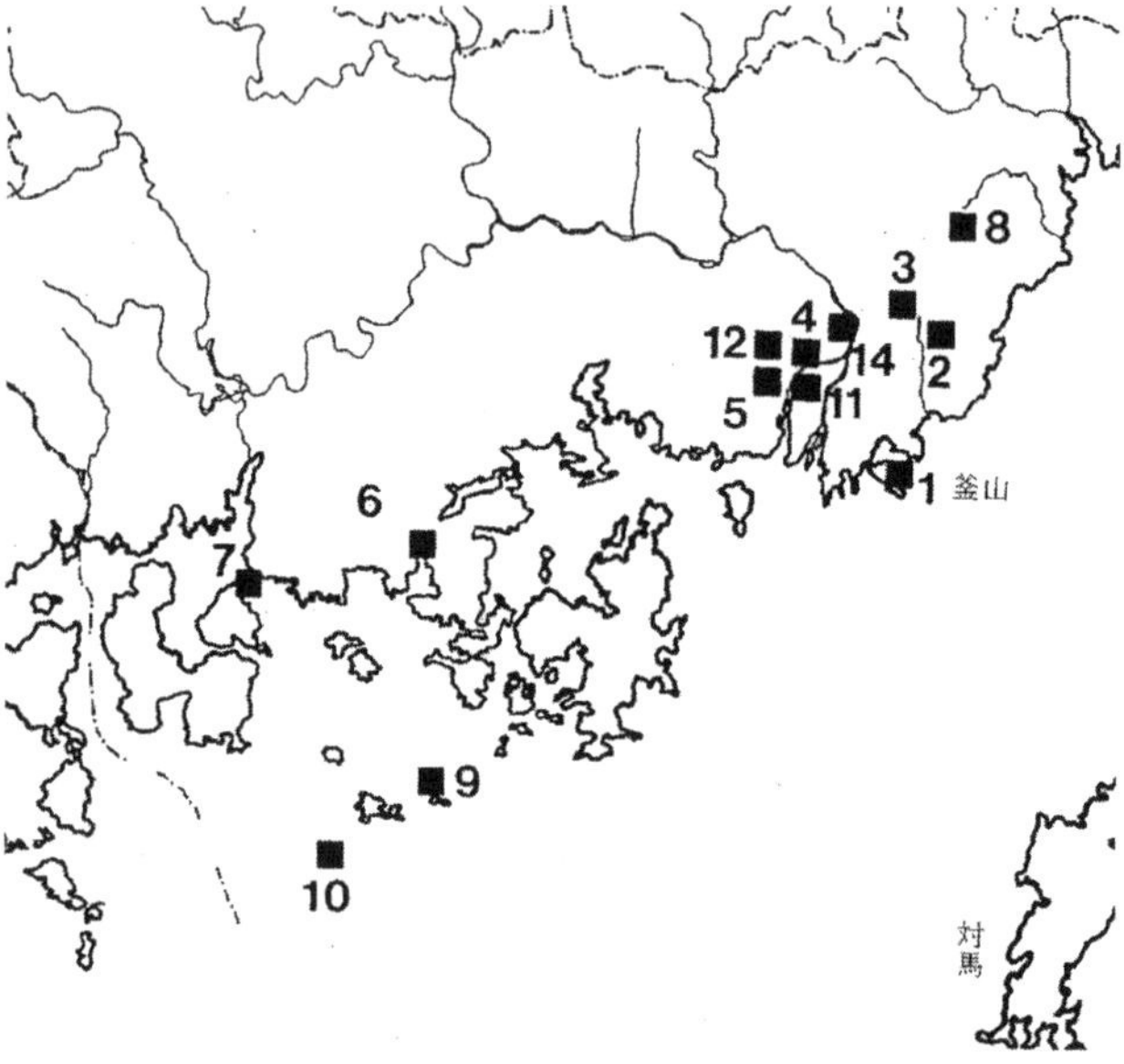

1：朝島貝塚　釜山直轄市影島区東三洞下里　2：福泉洞萊城遺跡　釜山直轄市東萊区福泉洞72番地　3：温泉洞遺跡　釜山直轄市東萊区温泉洞　4：金海池内洞遺跡　金海市池内洞山43番地　5：金海会峴里貝塚　金海市会峴洞　6：金海内洞遺跡　金海市内洞473-2番地　7：固城東外洞貝塚　慶尚南道固城郡固城邑東外洞　8：勒島遺跡　泗川市勒島洞　9：朝陽洞遺跡　慶州市朝陽洞

図－5　朝鮮半島南部の弥生土器出土遺跡（『弥生時代　渡来人と土器・青銅器』片岡宏二著、雄山閣刊より）

るものだったからである。皿や浅鉢、甕、壺といった土器の類はみな典型的な縄文土器であった。土器文化の異なる渡来人が、わざわざ土着の縄文土器を作ることは考えにくい。こうして日本最初の水田が、縄文人によって開かれたことが判明したのである。（中略）最古の水田は、一区画が4×7mと小ぶりで、土盛りの畦畔と矢板でしっかり護岸された水路を伴っていた。移設復元された水田を見ると、全体に規模は小さいものの、その土木技術は高く、現在の水田に比べてもそれほど見劣りするものではない。縄文時代の遺跡で、ほとんど見つかっていなかった農耕具も、ここでは大量に発見された」(96)

従って、灌漑施設を持たない米づくりは、更に古い時代から行われていたに違いない。唐津市のホームページは、菜畑遺跡の農業をより詳しく紹介していた（25頁図―2）。

「縄文時代晩期後半の水田跡と、付随して出土した数々の農器具は、わが国稲作の起源が縄文時代晩期後半まで遡ることを明らかにした。福岡の板付遺跡の発見では半信半疑だった者も、ここに至っては縄文時代の水田を認めざるを得なくなった。稲作は弥生時代に開始されたのではなく、縄文時代の末期に既に定着していたのである。

遺跡からは多数の炭化米や石斧、石包丁、石鏃などの石器を始め、クワ、エブリ（柄の付いた農具）その他の農具と共に二〇から三〇もの水田跡も発見されている。

またイネのみならず、アワ、ソバ、大豆、麦などの穀物類に加えて、メロン、ゴボウ、栗、桃などの果実・根菜類も栽培していたことが判明した。中でもメロンが縄文後期に栽培されていたことは大きな驚きだった。更に平成元年の発掘で、儀式に用いたと思われる形のままの数頭のブタの骨が出土し、ブタが家畜化されていたことを裏付けた。

これらの事実から、菜畑遺跡はわが国農業の原点であったことが証明されたのである（中略）。菜畑遺跡出土の炭化米を始め石包丁、クワ、カマなどの農具、甕、壺、スプーン、フォークなどの食器類等々、多くの遺物が展示されている」

これは記憶であるが、何処かで朝鮮人老婆が「倭人がスプーンの作り方を教えて欲しいと頼むので、箸に続いて教えてあげたのだ」などと言っていたが、朝鮮なる国が体を成していない三〇〇〇年以前から、当時の人々はスプーンを使っていたことが明らかになった。

また板付近くの曲り田遺跡からも、板付の夜臼よりも一時期さかのぼる突帯文土器と炭化米が発見され、その後、各地から縄文晩期の籾圧痕が突帯文土器に伴って発見されるに及び、縄文晩期の水田稲作は確定した。

かつて司馬は『この国のかたち二』で水田稲作の始まりを次のように記していた。

「（越は）紀元前三三四年に楚に滅ぼされた。越の滅亡後、その遺民たちが対馬海流に乗って九州に渡来し、水田による稲作をもたらしたのではないか、という想像が以前から存在する。何しろ越の滅亡と、九州への稲作の渡来とが、年代として良く符合するのである」

だがそのはるか前から、北部九州の人たちは灌漑施設を伴った水田稲作を営んでいた。従って年代は符合せず、氏のこの想像も失当となった。

大陸由来の支石墓被葬者は縄文系だった

泉拓良・奈良大学助教授（当時）は、『争点　日本の歴史1』（新人物往来社　平成三年一九九一）で水田稲作を行った人々について次のように記していた。

「北九州に成立した水田稲作文化は急激に東へ波及し（中略）。その波及には、多くの大陸伝来の要素が欠落しており、まさに縄文文化の中に稲作だけが持ち込まれた状態を示している。また、この地域では土偶・石棒のような縄文文化独特の精神的道具を保持しているのである。従って、この稲作の波及には渡来人の関与はなかったと考えるのが妥当であろう。更に、福岡県新町遺跡では支石墓から突帯文土器期（縄文晩期）の人骨が複数出土し、これらの人骨は低身長で、かつ、縄文人に特徴的な抜歯すらあるという。従って、少なくとも日本列島における水田稲作の成立には縄文人が関与したと考えるのが妥当であり、東日本

までの縄文人には稲作を受け入れるだけの地盤があったことを物語っている」(200)

これが考古学的事実に根ざした常識的な受け取り方であろう。また、九州大学の中橋孝博氏も次のように述べていた。

「九州の西北部には大陸由来の葬制とされる支石墓が点在しているが、その被葬者の形質を知ることは渡来人問題とも関連して、当地における永年の懸案の一つであった。糸島半島の新町遺跡において、初めてその支石墓の下から保存良好な人骨が出土した。時代的にもこれまで欠落していた弥生初頭のもので、しかも当遺跡では稲作農耕の痕跡も得られていたため、その形質が注目されたが、意外にもそれは、在来型の西北九州弥生人（縄文人　引用者注）に近い特徴をもった人々であった」(237)（前掲書）

支石墓とは縄文時代晩期から弥生時代にかけて、山東半島、朝鮮半島、九州などに分布していた石で構築された墳墓である。大陸ゆかりの支石墓の被葬者故、誰もが渡来系形質と思ったところ十四体の被葬者全てが縄文系だった。中には縄文系抜歯を行っているものもおり、二体の頭骨も完全な縄文系だったという。

これで北部九州において水田稲作を始めたのは、縄文時代からの人たちだったことが確定したと思った。確認の意味で最新刊を開いてみると、意外にも次のように記してあった。

「このときに朝鮮半島南部から渡来して日本列島に住みついた人々のものと考えられるムラが、北部九州の玄界灘沿岸に点々と現れる。その最も典型的な例とされる佐賀県唐津市菜畑遺跡では、水田の痕跡の他、伐採用の大型で重たい磨製石斧、（中略）などが見られる」（165）
（『日本の歴史　列島創世記』松木武彦　小学館二〇〇七）

この書において、松木氏は「縄文土器のみが出土した」を欠落させた。それに代わって根拠も示さぬまま「朝鮮半島南部から渡来して……」を書き加えた。氏がこのような判断をした理由は不明だが、一部の情報を欠落させ、読者に誤認させる典型的な「虚報のテクニック」、「部分欠落の手法」を用いたことは明かである（『続・文系ウソ社会の研究』114）。

この文を読む人たちは、菜畑遺跡を〝渡来人のムラ〟と受けとる恐れがあるからだ。氏にとって、菜畑遺跡を見て「縄文時代の人たちが水田稲作を始めた」と理解しては何か不都合な点でもあったのだろうか。或いはその頭は「誤・偽」サイクルの渦中にあり、新たな考古学的事実を受け入れることが出来ず、「水田稲作は渡来人が始めた」なる定説からスピンアウトできなかったのだろうか。

日本のコメづくりは韓国より三千年も早かった

南方の作物であるイネの原産地は、日本でも朝鮮半島でもない。ある時代に、より南の地域から受け入れた栽培植物である。では半島では何時ごろコメが栽培され始めたのだろう。甲元眞之・熊本大学教授はこの辺りを次のように記していた。

「青銅器時代前期段階では（中略）イネの発見例が数多く認められる。（中略）欣岩里遺跡でアワ、モロコシ、オオムギがそれぞれイネとともに出土していることは、縄文時代後期の日本列島と同様に、この段階では各種の穀物が混合して栽培されていたことを示している。（中略）朝鮮の大部分の地ではイネが畑作と結びつく可能性が高いことを示している。

河川に隣接する沖積地の遺跡でも、イネの水田栽培が行われていなかったことが明らかになってきている。これらのことは縄文時代晩期平行期以前の朝鮮半島では、畑作栽培の一環としてイネが栽培されていたことを物語るものである」(170)（『はるかな旅４』）

即ち、朝鮮半島では「青銅器時代前期以降」にイネが検出されるという。半島南部での青銅器は西周後期から春秋前期、即ち紀元前七七〇年頃が開始期とされるから、その頃には畑作物としてイネが栽培されていたことになる。これらの事実を基に氏は次のようにまとめていた。

「②朝鮮半島では、紀元前一〇〇〇年頃には畑作作物に混じってイネが登場する。イネに畑作物が共伴する事例は東北部を除いて紀元前一千年紀前葉までは朝鮮では一般的であった。遺跡の立地や栽培穀物の組合せからみると、これらは畑作栽培によるものである可能性が高い。

③紀元前千年紀中頃には確実に水田が登場し、水稲栽培が営まれていたことが明らかであるが、その始まりは今のところ定かではない」(174)(前掲書)

氏によると、半島でのコメ栽培は紀元前千年頃、即ち今から約三千年前に畑作物として栽培され始めたという。日本の陸稲は六千年前に栽培されていたことを思い起こすと、日本の方が韓国より三千年も早くからコメ栽培が行われていたことになる。

そして縄文時代から、かなりの人たちが日本から半島へと進出し、交易し、彼の地に住んでいたのだから、彼らが半島にオカボを持ち込んだ可能性はあっても、逆はあり得ない。

今でも東南アジアでは焼き畑作物としてオカボを栽培している。筆者の故郷でも昔から苗床で育った陸稲を畑に植えてきたが、それは縄文以来の伝統だったとは知らなかった。では日本の水稲は何処から来たのだろうか。

朝鮮半島からやって来た可能性はほとんどない

熱帯ジャポニカは、今でも南九州、沖縄、台湾で栽培されており、更にフィリピン、ボルネオ、セレベス、インドネシア、スマトラ、タイ、ラオス、ネパール方面に広がっている。従って、最初に栽培されたコメを熱帯ジャポニカとすれば、それは嘗て柳田国男が主張した〝海の道〟を通って南九州へやって来た可能性が浮上する。

事実、鹿児島県には二万四千年前の耳取遺跡や一万五千年前の仁田尾遺跡があり、そこから年代不詳ながらイネのプラントオパールも発見されたとのこと。つまり古い時代にコメを携えて島伝いに日本へとやって来た人々がいたことを彷彿とさせる。

次いで、東アジアのイネは七〇〇〇年前頃から揚子江中・下流域で栽培されてきた。佐藤洋一郎氏が、河姆渡《かぼと》から発見された炭化米のDNA分析を行った処、その全てがジャポニカ種であり、二粒が熱帯ジャポニカだったという。つまり原産地は不明なれど、日本の熱帯ジャポニカは東南アジアやシナ大陸南部からやって来たと考えられている。

ではわが国の水稲・温帯ジャポニカは何処からやって来たのか。そのカギが氏のDNA研究から得られており、次に要点のみ記しておく。

「日本列島への水稲の渡来がどう進行したかを知るために、私は中国、朝鮮半島、日本列島の水稲在来品種二五〇品種のSSR多型（コメの遺伝子特定領域の遺伝子配列の変形版　引用者注）を調べてみた。

RM1というSSR領域についていうと、この二五〇品種の中には八つの変形版が見つかった。これらにはａからｈまでの名称が付けられている。（中略）この変形版が何処に分布しているか調べてみると面白いことに気がつく。

中国や朝鮮半島には八種類の殆どの変形版が存在するのに、日本の品種の多くはａまたはｂに限られている。ａからｈのタイプが〝中立〟（その頻度は大きな集団の中では何世代経過しても変化しない　引用者注）であることを考えると、種類の減少は日本列島に運んで来られた水稲の量がわずかだったという推論を導く」(131)（『はるかな旅４』）

即ち、「弥生時代に多量の水稲が伝えられた、という説には疑問が生ずる」とした。多量の渡来民がイネを持って日本に押し寄せたなら、彼の地同様、ａからｈのタイプがイネに残っていても良さそうなのに、それが見当たらないからだ。

しかも前述の八つの変形版のうち「ｂ変形版」のイネは朝鮮半島には存在しないから、仮に水稲が朝鮮半島から来たのなら「ｂ変形版」のイネは日本に存在しないはずである。だがこのイネは、最初の渡来地とされた北九州を始め日本列島に隈無く広がっている。

また、人はＳＳＲ多型を意識してコメを持ち込むことはないから、水稲も朝鮮半島から日本へとやって来た可能性は消える。残る可能性は東南アジアか揚子江下流域となろう。

ここで氏は、「ｂ変形版は大陸から、ａ変形版は大陸から半島を経て日本へとやって来た」としたが、大陸から直接「ｂ変形版」がもたらされたのに、何故「ａ変形版」だけは遠回りして大陸から畑作地帯の半島に流入し、日本へとやって来たのか。その根拠が分からない。

それに紀元前一〇世紀以前、大陸や半島の人たちが日本へやって来た証拠はないのだから、彼らにイネを伝えられるはずがない。偶然の漂着も否定できないが、イネの伝搬は、船を操り、その行動範囲が朝鮮半島、そして大陸にまで及んでいたらしい縄文時代の人たちが運んだ可能性が浮上してくる。

縄文晩期から弥生期にかけて大型遺跡、和泉市・池上曾根遺跡や奈良県の唐古・鍵遺跡の炭化米からも「b変形版」のイネが見つかっている。このコメも朝鮮半島からきたものでないから、この遺跡の人たちがコメを携えて朝鮮からやって来たという可能性は、ほぼ消えたことになる。

かつて山本七平氏は、「熱帯系の唐辛子は日本経由で朝鮮へと伝えられたのに、熱帯系の植物、イネは何故逆になったのか」と訝っておられたが、それは杞憂に過ぎなかったのである。

縄文から弥生へと連続的に推移した

ではコメはどのように栽培されてきたのか。

佐藤洋一郎氏は、縄文晩期の菜畑遺跡などのコメに熱帯ジャポニカが含まれていることを突き止めていた。更に、各地の遺跡から発見された炭化米のDNAを分析したところ、かなりの割合で熱帯ジャポニカが含まれていたという。このことから、日本では相当長い間、温帯ジャポニカと熱帯ジャポニカが平行作付けされていたことが分かる。

また、熱帯ジャポニカと温帯ジャポニカを交配させた第二世代のコメ集団を栽培すると、約二〇％もの早生《わせ》（＝早く開花する品種）個体が出現したという。こうして早稲品種が生まれ、本来は温暖な地方の作物、イネも青森で栽培されるようになったと思われる。そして氏は、縄文以来の稲作原風景を次のように描いていた。


「ＤＮＡ分析の見地から推定すると、弥生の要素といえる温帯ジャポニカはそれ程大集団ではやって来なかったようである。人々は水田稲作の技術の根幹である畔や水路の造営や田植え作業は受け入れたが、耕作と休耕を繰り返す焼畑の農法を直ぐには手放さず、イネも多くが熱帯ジャポニカのままであった。

つまり弥生時代に入っても、もう一つの要素である〝縄文の要素〟は脈々と受け継がれたのである。縄文の要素は中世末頃までは残存した。土地の全面が水田であるような平野の景観や稲作中心の農村風景は、近世に入ってようやく現れたのである」(134)（『はるかな旅４』）

仮に、渡来人のもたらした水田稲作により、狩猟採集の縄文時代から弥生時代という新時代に取って代わったとするなら、弥生時代以降のイネは水稲であり、弥生時代の遺跡からは水稲種＝温帯ジャポニカが出土するはずである。だが、現実はそうではなかった。

菜畑遺跡を始め水稲栽培をしていた遺跡のコメには、かなりの割合で縄文以来のコメ＝熱帯ジャポニカが見いだされてきたという。大阪の池上・曾根遺跡、奈良の唐古・鍵遺跡、登呂遺跡、青森の高樋Ⅲ遺跡等、枚挙にいとまがない。

即ち、日本では六〇〇〇年前には陸稲が栽培されており、三〇〇〇年前には水田稲作が行われていたが、両種は平行栽培されてきた。仮に弥生時代に渡来人が現れ、この時から温帯ジャポニカを用いた水田稲作が始まったのなら、こうはならない。

縄文時代の人たちが何千年も栽培してきた陸稲に、水田稲作の要素を少しずつ加えていったからこそ、弥生時代以降の遺跡から出土する米に熱帯ジャポニカが発見されてきたのだ。従って、教科書に載っている弥生時代の全面水田風景は、実態を表していないことになる。

米づくりから見る縄文から弥生への時代変化は、断絶ではなく連続だった。外部からもたらされたわずかなコメを縄文時代の人々は長年かけて増やし、品種改良を行ったと考えられる。

ではこの縄文時代や弥生時代とは何年のことなのか。今更の感は否めないが、先史時代の「年代」はどのようにして決められてきたのだろうか。

第三章

縄文・弥生の年代決定に合理的根拠はあったのか

年代推定は土器編年が中心だった

縄文・弥生時代を研究する学問は、文献記録のない時代が対象なのだから「何年前のものか」という年代特定が要となる。土の中から石器、土器、木材、人骨、遺構、農具、炭化米などが出土しても、本当の年代＝実年代が間違っていれば判断を誤るからだ。

わが国では、縄文時代や弥生時代の遺跡を、今から○○年前の遺跡、などとしてきたが、この決定方法として、土器型式や地層層位などから推定する相対年代を基本としてきた。何年前かは分からなくとも、土器型式の順序は分かり、下の地層ほど年代が古いことは確かであり、年代順序は決められるからだ。

これは山内清男《すがお》により基本がつくられ、新しい土器が出るたびにその順位が決められ、年代推定の基としてきた。この様な土器が出てきたのは何年頃、この地層から出土したのだから何年頃として年代を推定したのが土器編年である。

こうして決められた順序は正しかったが、西暦何年のものかという実年代は不明だった。そのため大陸や半島の土器と比較しながら年代を推定し、決めてきたが、世界最古の土器が日本発であり、古くからの縄文遺跡が半島南部にあるのだから、土器製作技術が大陸や半島へと伝えられた可能性も生じ、海外に依拠した編年の信憑性も揺らいでしまう。

また同形式の土器が九州、中国、近畿、東海、関東、東北など、日本各地から出土する場合、土器様式が伝わり、根付くには時間がかかるので地域により年代は異なってくる。相対年代は正しくとも、実年代推定法としての土器編年には限界があったのである。

例えば、教科書では「紀元前三世紀頃、大陸から弥生土器と稲作を携えた人々がやって来たことで弥生時代の扉が開かれた」とし、司馬、山本両氏に限らず多くの専門家もそう信じてきた。また『はるかな旅1』（NHK出版二〇〇二）は、「二三〇〇年前、北部九州で水田稲作が始まる」などと書いていたが、同シリーズ『5』では次のようになっていた。

「板付遺跡はおよそ二四〇〇年前に遡る集落の跡である（中略）。福岡周辺の遺跡から発掘される当時の人々の道具を見てみると、確かに水田稲作という新しい生産活動のためには、大陸から新しい農具や工具を持ち込んで使っている。しかし一方で土器などその他多くの道具は縄文時代と基本的に変わらないという見方が強い。生活の基本部分は、縄文時代の状態がほぼそのまま踏襲されているというのである」(58)

板付遺跡から、縄文晩期末の土器と共に水田跡が出土したことから、考古学者は従来の編年から一〇〇年ほど遡らせ、二四〇〇年前としたと思われる。

また『はるかな旅4』では菜畑遺跡の水田稲作跡が紹介され、「二六〇〇年前、北部九州で水田稲作始まる」とあったが、この年代決定も出土した縄文土器の型が板付より古いことを理由に、遺跡年代を二〇〇年ほど遡らせたと思われる。

このように同じシリーズものでも、適当に水田稲作の開始時期を使い分けられたのは、実際の年代＝実年代が分からなかったからだった。実はこんなあやふやな土台の上に構築されてきたのが、今日まで続く縄文・弥生の年代決定法だったのである。

年代測定法「炭素14年代」とは

世界に目を転ずると、日本のように遺跡から土器が豊富に、しかも継続的に出土することは希である。何故なら、欧州、エジプト、メソポタミア、ユーラシア大陸、朝鮮半島などでは一度伐採した森林は容易に再生しない。その結果、かつての森林は、はげ山や草原、時に砂漠になり、土器を焼くのに必要な木材の入手が容易でなくなるからだ。

そこで彼らは、客観的な年代推定法を模索・研究し続け、昭和二十四年（一九四九）、米国のW・リビーにより「炭素14年代測定法」が公表されるに至ったのである。

地球上には空から絶えず宇宙線が降り注いでいる。その宇宙線が一定割合で大気中の窒素分子に衝突することで窒素は放射性炭素14（以下　炭素14）に変換し、直ちに大気中に拡散してゆく。同時に、この炭素14は β 線を放出しながら崩壊し、窒素に戻ってゆくが、生成と崩壊のバランスの中で、大気中の炭素14は概ね炭素12の一兆個に一個程度存在している。

そして樹木は空気中の二酸化炭素を取り入れ、年輪にその炭素を蓄積させながら年代を重ね成長して行くが、木が切り倒された時点で二酸化炭素、即ち炭素の取り入れは停止する。だが、その木に取り込まれた炭素14はβ線を放出し、崩壊し続ける。即ち、年輪に蓄積された炭素14の含有率は途切れることなく減少し続ける。（図6―a）

そして当時は、炭素14の半減期、即ち一兆個に一個が半分の二兆個に一個になるには、約五五六八年かかるとされていたので、「遺跡残留物から炭素を抽出し、炭素14の含有率を測定すれば絶対年測定が可能となる」とされた。これが「炭素14年代測定法」の考え方であり、米国では昭和二十五年（一九五〇）から実用化が始まった。

当時は、炭素14の含有量測定に、炭素14が崩壊時に放出するβ線の回数を、ガイガイー計測器を用いて測定していたが、例えば現代の炭素一mgの試料であっても炭素14が崩壊する時に放出するβ線は、一日に二十回程度であり、この程度の試料では正確な測定が困難だった。

それ故、実際はグラム単位の炭素が必要となり、資料採取はもとより計測時間もかかる等の不便さがあった。

それでもこの方法より優れた年代測定方法が見当たらなかったため、欧米でいち早く実用化が進み、試料から得られた炭素14含有率から算出した年数をベースに、「炭素14年代」という考え方が導入されたが、この前提条件は次の通りである。

①炭素14の半減期（元の含有量が半分になる時間）は、五五六八年である。

②数万年に及ぶ大気の炭素14濃度は一定である。

こうして得られた推定年代には「ばらつき」があるため、統計処理し、西暦一九五〇年を起点に、遡って表すと同時に、中央値に対して一標準偏差を併記することを原則とした。

例えば、ある遺跡から採取された木材から炭、即ち炭素を抽出する。この試料から炭素14の残存率を測定し、仮に一九五〇年の半分であれば、一九五〇年を起点として、「五五六八年±〇〇年」前のものとし、

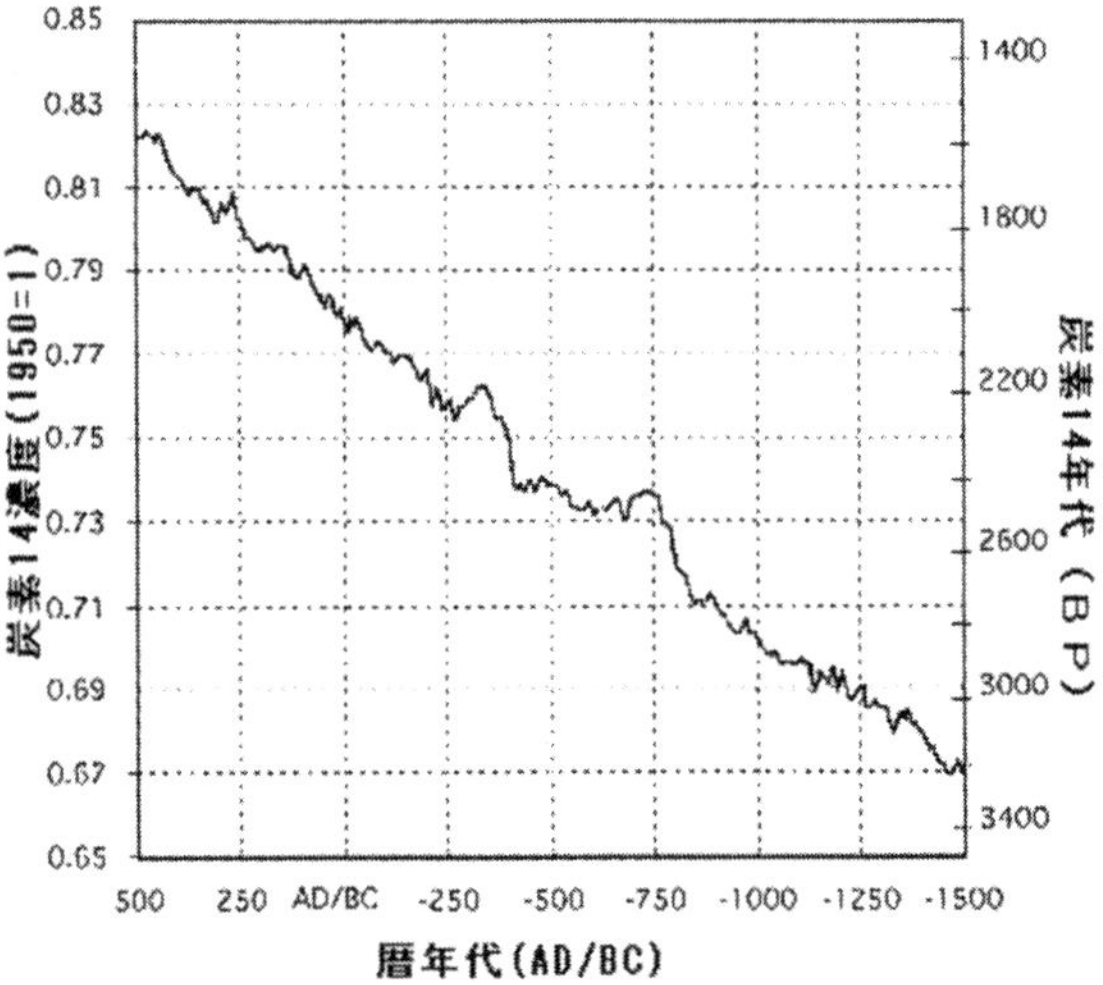

図―6 a　炭素14濃度と炭素14年代・暦年代　発掘資料から得られる炭素14は、β線を出して崩壊してゆくので古い物ほどその濃度は低くなる。1950年の濃度を1.0とすると1500BCの含有率は約0.67であることが分かる。

この炭素14年代を（BP）と表現した。

実年代確定に道を開くこの手法は、千年オーダーを論ずるには十分だったが、必ずしも満足行くものではなかった。そのため、精度を上げ、誤差をせめて数十年にすべく改良が加えられて行ったのである。

「炭素14年代」から「実年代」へ

その後、「炭素14年代」は実年代を表していないことが明らかになった。その理由は二つある。

先ず、炭素14の半減期は、五五六八年ではなく「五七三〇年±四〇年らしい」ことが分かってきた。

次いで、大気中の炭素14濃度は必ずしも一定ではないことも明らかになった。この濃度は年毎に微妙に変動しており、実年代と炭素14年代には誤差が含まれることが分かってきた。その為、可能な限り過去へと遡って実際の大気中の炭素14濃度を確定する努力が払われてきた。

具体的には樹木の年輪から実年代を確定し（年輪年代法）、その年輪から採取された炭素試料を使って「炭素14の濃度測定」を行えば、「その時代の炭素14濃度」を知ることができる。炭素14の崩壊は物理法則通りに進行するから、論理値との差を知ることで較正が可能となる。

この取り組みは、木の年輪年代学が進んでいた欧米の研究機関を中心に、一九八〇年代から本格的に推し進められ、一定の結論に至っている。
これを「較正曲線」と呼び（IntCal04　二〇〇四年版が最新）、「較正を行った炭素14年代」をCalibrated＝較正されたという意味で、紀元後は「cal AD」、紀元前は「cal BC」と表記している。また一九五〇年を起点とした較正年代表現は、「cal BP」としている。ＢＰとはBefore Physics又はPresentを表している。（図―６ｂ）
この較正曲線の採用により、精度良く年代を求めることが出来るのは樹木の「年輪年代法」と対応させることで年代確定した一万千八百年前まで、と考えられているが、この年代幅はわが国の縄文時代と重なり、実年代確定にとって好都合であった。
もう一つの技術進歩は、ガイガイー測定器に代わり、「加速器質量分析計」を用いた計測法・ＡＭＳ法（Accelerator Mass Spectrometry）に移行することで、微量の試料から炭素14の割合を直接測定できるようになったことである。（図―６ｃ）
例えば、資料から採取した一㎎の炭素試料にも約六千万個の炭素14が含有されており、ＡＭＳ法を用いることで厳密な計測が可能となった。またサンプル採取が容易となり、わずかな試料からも年代測定できるメリットも大きかった。
その結果、土器に付着したススや吹きこぼれ跡、炭化米、漆の破片、古文書の紙片などの試料からも年代確定が行われるようになり、精度は著しく向上した。土器に付着したススなら、

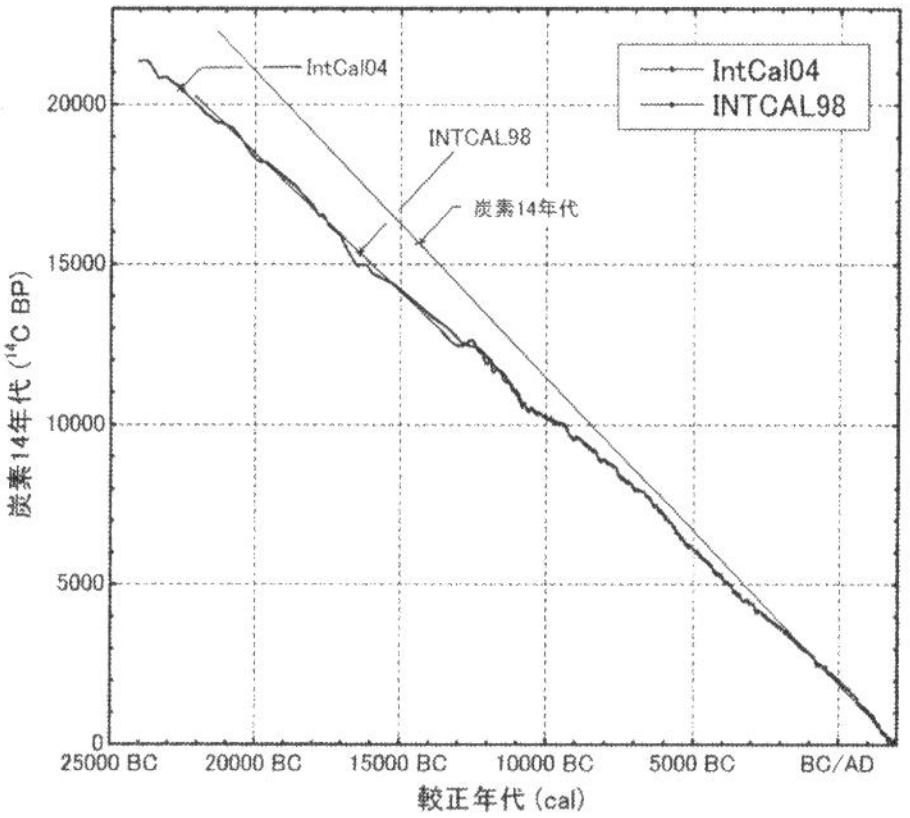

図―６ｂ　較正曲線と炭素 14 濃度と較正年代（暦年代）　炭素 14 年代は 45°の直線で表される。但しこれは論理値であり実年代を表していない。発掘資料から得られる炭素 14 濃度を基準年（1950）に対する濃度比としてプロットすることで誤差が明らかになる。例えば、炭素 14 年代での 5000 年は紀元前 3050 年であるが、その較正年代＝実年代は 3750 年頃となる。

図―６ｃ　加速器質量分析計（歴博「弥生時代の開始年代」より）　試料の炭素原子を加速器でイオン化し、微量の炭素 14 を直接数えることが出来るようになった。現在は１ｍｇ以下の炭素試料を高精度での測定が可能となっている。

その時代のススであることに異論はないからだ。（図―6ｄ）
但し、その時代に燃料とした木材が古木の場合、年代が遡り、確定が困難となるので複数のデータを使っての絞り込みが行われている。

当然のことだが、新たな技術には慎重な検討が必要である。わが国で生じた疑問は、「欧米の年輪年代法のデータを世界各地で使えるのか」であった。

これに対して世界中で確認作業が進められ、今のところアジアでも南半球でも数十年以上の違いは報告されていないという。日本での検証においても、ほぼ較正曲線に沿った傾向を示し、凹凸パターンまで一致している（『弥生時代の実年代』炭素14年代と日本考古学　学生社）。

その結果、ＡＭＳ法と較正曲線との組合せによる較正年代（実年代＝暦年代）の確定は、その客観性故に世界標準となっていった。

こうして、ようやく実年代を知ることが出来るようになったのだから、歴史学界や考古学界から大歓迎されると思いきや、わが国においてこの年代決定法が受け入れられる道程は、決して平坦ではなかった。

「科学的な手法」への不思議な反発

春成秀爾氏によると、一九六〇年代以後、炭素14年代測定法による年代決定が行われるに及

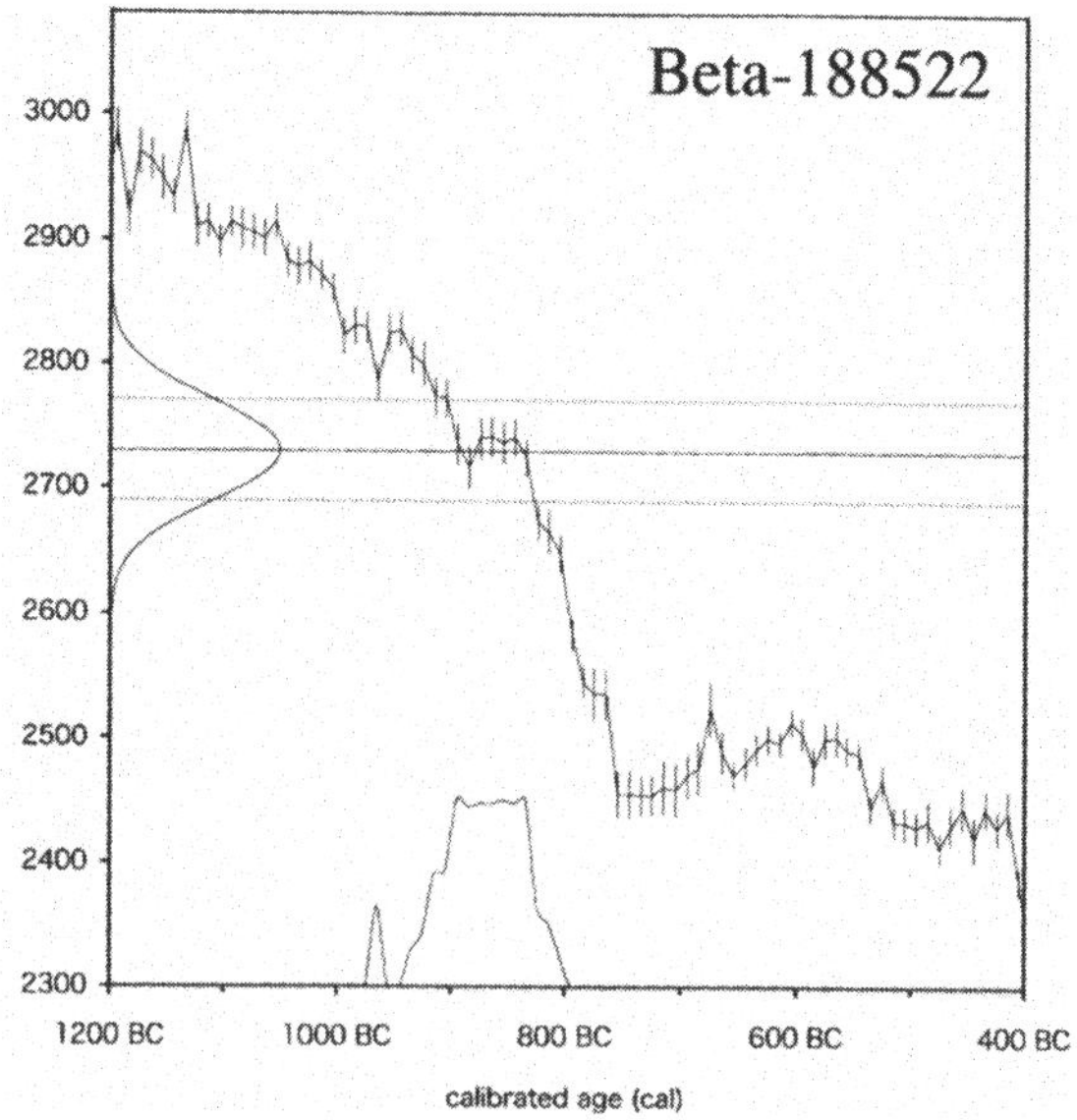

図―６ｄ菜畑遺跡出土の山ノ寺甕底部・測定結果（歴博「弥生時代の開始年代」より）　この内面付着物より得られた試料を用い、加速器質量分析計により年代を測定した結果は以下の通り。炭素 14 年代：2730±40 BP 較正暦年代 ：930BC-800BC(91.2%)

び、わが国の考古学界で混乱が巻き起こったという。

「日本の考古学では、炭素14年代の測定値が大きな意味をもつ場合は、決まって炭素14年代測定法に対する反発・批判・全否定の意見が噴出する」(103)(『弥生時代の実年代』)

「大きな意味」とは、実年代が判明することで従来の定説が覆ることをいう。例えば次のような事件が起こったのである。

「一九五九年三月と六月、〈神奈川県夏島貝塚が BP 9459±400　木炭が BP 9240±500 と炭素14年代測定法によって測定された〉とミシガン大学から杉原荘介氏(明治大学)の処に報告があった。当時の朝日新聞は三面のトップで〈縄文土器、紀元は九千年前? 米から爆弾報告、学会に大きな波紋〉の見出しをつけて大きく取り上げた。

それまで、縄文土器の製作技術はユーラシア大陸およびシベリアから伝わったと推定し、故地の土器の年代を参考にして六〇〇〇〜七〇〇〇年前と考えられていた。

当時の知識では、それぞれの地域で最古の土器年代は、シベリア六〇〇〇年前、中国四五〇〇年前、西アジア六五〇〇年前……と推定されていた(杉原一九五九)。夏島貝塚の年代は、日本の考古学者の多くを驚愕させた」(104)(前掲書」)

縄文土器は「世界最古の土器」であることが確認されたことで、学会員から反発が起こったというから何とも不思議な話である。

「一九五九年といえば、欧米では近東の炭素14年代が考古学的推定と大きくずれていることが分かり、激しい論争が行われていた最後の年であった。翌一九六〇年になると、炭素14年代はもはや妥当と見なされるように変わった」(104)(前掲書)

こうして西アジアや欧州の先史時代の年代体系が書き換えられ、この波はアフリカ、アジア、豪州にまで及び、先史時代の枠組みが書き替えられたという。では日本ではどうか。

「一九六二年に山内清男・佐藤達夫両氏が『縄文時代の古さ』を発表し、炭素14年代法を完全に否定する立場を鮮明にするに至った。炭素14年代は、未証明の仮定の上に立った測定法に基づいているので信頼できないといい、縄文時代の年代は年代的組織を持つ大陸の遺物との比較において決めるのが考古学本来の方法であることを強調した」(105)(前掲書)

どうやら山内氏らは土器と大陸の遺物にすがり、新たな年代決定法の原理を理解・評価する柔軟性に欠けていた。更に彼らは理解不能なアナロジーを用いたという。

「彼らは縄文早期の炭素年代の古さを、戦後の日本の経済的発展に見合い、また国際情勢とも考え合わせると適当なことであった、と皮肉った。

その後山内氏は、炭素14年代により、縄文土器が一万二千年前まで遡った縄文土器起源説は、神武精神の考古学版がまかり通ったことであり、これは肇国精神、ナチのゲルマン民族理論に通ずる、とまで語気荒く非難した（山内一九六九）。

山内氏は戦前、考古学と神武東征など記紀の記述との矛盾について、官憲による弾圧をおそれ、自らの意見を公表することを強く戒めていた」(106)（前掲書）

考古学も、時の権力者の顔色を伺う学問であったとは新たな発見だった。そして「縄文土器編年の大綱を作った偉大な学者に、このように一方的に炭素14年代が批判されたことは、学会にとって不幸なことであった」と春成氏は記す。

以後、日本の考古学学会は炭素14年代を採用した杉原・芹沢氏らと、炭素14年代を全面的に否定する山内・佐藤らに分かれて論争が続き、一九九〇年代まで炭素14年代の測定結果を過小評価する傾向が続いたという。

縄文土器は世界最古の土器だった

国内で偉大な考古学者が反対し、故に評価が低く、賛同者が少なくとも、物理的真実は変わらない。世界の年代決定法は日本の内輪揉めなど関係なく進んで行った。

一九八〇年代に入って、スタイヴァー（ワシントン大学）らは、炭素14年代を年輪年代や珊瑚年代を使って暦年に換算する〝国際較正曲線〟を作成し、世界に公開した。この較正曲線を使って暦年較正を行うと、実年代は炭素14測定値より古くなる。その結果、縄文土器が世界最古の土器であることが明らかになったのである。

「一九九八年、青森県大平山元Ⅰ遺跡の無文土器の炭素14年代が一三〇〇〇年前、暦年に較正すると一六〇〇〇年前になると発表された。炭素14年代の測定法は、それまでのβ線法を用いていたのに対して、AMS法を採用したこと、土器を含む層から見つかった木炭だけではなく、土器に付着していた炭化物を試料としていたこと、そして米国のスタイヴァーらによって作成された国際較正曲線を用いて暦年であらわしたことである」(108)（前掲書）

春成氏は「大平山元遺跡の年代は、ひどく古く出たように見え、一部の研究者は疑問と反発を持って迎えた」と語る。だが「シベリアや中国でも炭素14年代の測定によって土器や農耕の起源は遡り、日本だけが例外という状況ではなくなった」と言うように、気がつくと世界は「較正炭素14年代測定法」が主流となっていた。

そして「この論争は既に決着がついた」と氏は記していた。

「炭素14年代測定に基づく考古資料の実年代の推定作業が、今後後退することはありえない。炭素14年代測定に関わる原理的な問題についても精度を高める研究が世界でも国内でも続けられている。

炭素14年代測定に基づく弥生時代の実年代についての提言は、日本考古学だけでなく、朝鮮考古学、東北アジア考古学まで重大な影響を与えることになった。（中略）

現在、従来の年代観の見直しが進み、東アジア全域にまたがる広域編年、実年代、人・文物の移動に関する新たな学説が提出されつつある。炭素14年代・年輪年代と日本考古学との関係は、ようやく蜜月の時代に入ったと言って良いだろう」(112)（前掲書）

では、わが国の水田稲作はいつ頃始まったのか。「較正炭素14年代」による開始時期の結論は、それまでの諸説を塗り替え、考古学界に衝撃を与えたのだった。

水田稲作の開始は紀元前一〇世紀に遡る

次の一文は、ウエブ上の国立歴史民俗博物館（以下　歴博）、【弥生時代の開始年代について】に基づいている。

「国立歴史民俗博物館では、数年来、ＡＭＳ法（加速器質量分析法）による高精度炭素14年代測定法とその歴史研究への活用を行ってきた。二〇〇一年度からは、科学研究費による三カ年計画で、共同研究〝縄文時代・弥生時代の高精度年代体系の構築〟を進行中である。この計画では、土器型式を始めとする各種考古資料で得られている緻密な編年体系を、炭素14測定結果から得られる暦年代情報によって再構築し、縄文弥生時代の年代的枠組みを列島規模で構築することを目的としている。

具体的には考古編年の基礎となっている土器型式との関係を明確に確認できる資料の収集につとめ、資料の採取・観察・前処理・炭素資料作成（一部）を歴博の研究者が直接行い、ＡＭＳ法による炭素14測定を米国、および日本の研究機関に依頼する形で調査研究を行っている。

今回、縄文―弥生移行期の年代研究のため、九州各地を中心に韓半島南部までの範囲で、土器に付着したコゲ・ススを中心に、炭化物、木材、堅果等の資料について炭素14による年代測定を行った。測定法は全てＡＭＳ法である。得られた測定結果は国際的な標準となっている〝暦年較正曲線〟によって暦年代に変換した。

これまで得られた三十点（サンプル）以上の資料の年代データを分析し、弥生時代前期初頭の年代として紀元前八〇〇年前後（誤差三〇年程度）という数値を得た。

これは、多くの教科書に採用されている前三世紀より、四〇〇～五〇〇年遡る年代であり、従来、弥生時代早期（縄文時代晩期終末期とする研究者も多い）とされてきた前五～四世紀より三〇〇～四〇〇年遡る暦年代である」

こうして土器編年の弱点が補強され、客観的尺度で実年代に迫ることが出来るようになったのだから、誰からも歓迎されたと思いきや意外な反応が巻き起こった。

当時の新聞記事等によると、平成十七（二〇〇五）年五月の日本考古学協会総会で、歴博よりこの報告がなされたとき、考古学界はパニックに襲われたという。彼らの反応は、衝撃、当惑、賛成、反発、拒否、嘲笑……であった。「それでは鉄器の使用が中国と同じになってしまうではないかとの怒号が飛んだ」とあった。

だがそんな騒ぎとは関係なく、較正炭素14年代測定法の信憑性の証として、年輪年代法との対比で検証された事例が幾つか挙がっている。

先ず、大阪府池上曾根遺跡の柱材の年輪年代は紀元前五十二年となった。そして較正炭素14年代測定法では前八十年～前四十年という結果が得られたという。また出雲大社旧本殿の伐採年代は、年輪年代法では一二二七年、較正炭素14年代測定法では一二二八±十三年という結果となった。佐藤洋一郎氏も次のように述べていた。

「ところで水田稲作と水稲が来たのはいつか。（中略）従来は二四〇〇年ほど前のこととされてきた。これに対し歴博などが行った調査では、弥生時代の始まりは従来の説より数百年も遡ることになった。

これを追試する目的で福岡県の雀居遺跡出土のイネ種子を用いて年代測定を行った。それによると、弥生時代中期とされる一粒のイネ種子の年代値は二六〇〇年前という値になった。この数値は歴博などの主張と軌を一にしており、稲作の始まりも同じく数百年は早まると考えた方が良いであろうと思われる」（64）（『弥生時代はどう変わるか』）

実年代を知ることが縄文・弥生時代を把握するベースであり、較正炭素14年代により周辺諸国と同じ尺度で実年代を比べることが出来るようになった。その後研究は進み、北部九州の菜畑遺跡などからの出土物の年代測定の結果、次のような結論が得られたのである。

「九州北部では遅くとも前九四五～前九一五年ごろにはじまっていた灌漑式水田稲作が、五〇〇年以内で環濠集落を実現させ（中略）。遅くとも一五〇〇年以内に土佐まで灌漑式水田稲作が伝わっていたことがわかる」（18）（『弥生時代の実年代』）

こうして、わが国の灌漑式水田稲作の開始は、紀元前一〇世紀を下らないことが確定した。そしてムラは環濠集落へと変容し、急速に日本各地に伝わったことも明らかになったのである。

第四章　反面教師・ＮＨＫ『日本人はるかな旅』に学ぶ

根拠なき謬論「半島から多くの人が渡来した」

ＮＨＫスペシャル『日本人はるかな旅５』そして日本人が生まれた（二〇〇二）（以下『はるかな旅５』）の冒頭、それは溢れんばかりの韓国の写真と共に次なる記述で始まっていた。

記憶の風紋韓国南部沿岸
先史時代、朝鮮半島から先端技術や文化を携えて多くの人々が渡来した。

これを見、読む人は、「当時の先進国、朝鮮半島の人たちは、高い技術を持っており、そこから多くの人たちが日本へとやって来て、文化的に遅れていた人たちに技術や文化を教えてくれた」と受けとるに違いない。だがこの話しは「偽《いつわり》」だったことが露見する。

その直後、ＮＨＫディレクター戸沢冬樹氏の次の一文から、「朝鮮半島から……」の「から」は、単に「地理的通過点」を表しただけだったことが分かる。

「今から二千年余り前の弥生時代、縄文人とは全く別の人々が日本列島に現れる。この時期、大陸からやって来た新たな渡来人である。勿論縄文時代やそれ以前の旧石器時代にも、日本列島には様々な人が渡ってきた。元を質せば縄文人だってアジアの北や南からやって来た人々の末裔である」(26)（『はるかな旅５』）

ご覧のように、氏は「大陸からやって来た新たな渡来人」としていた。では「二千年余り前」とは何年頃なのか。また氏は、渡来人は大陸の何処からやって来たと考えていたのか。

「日本列島へ人々の渡来が始まったのは二五〇〇―二四〇〇年前とされているから、中国ではちょうどその春秋戦国時代にあたる。（中略）実は当時、現在の山東省や江蘇省といった中国沿岸の人々の間で、海の向こうに理想郷を求める一つの思想が流行していた。（中略）福建省の博物館に春秋戦国時代の丸木船が展示されている。全長一〇メートル余り。必要最低限の荷物を積んだ後、一家族か二家族が乗るのが精一杯だったろう。人々の中にはこうした粗末な船に命を託して大海原に漕ぎ出した人も少なくなかったと考えられる。そのなかで幸運にも日本列島にたどり着いた人々こそ、弥生時代、新たな文化を担った渡来人の正体だった」（50、52）（前掲書）

氏は、渡来人とは中国沿岸の山東省や江蘇省などの人たち、大陸の動乱を逃れ、丸木船に乗って理想郷、日本を目指したボートピープルとした。

今も多くの中国人や韓国・朝鮮人が祖国を離れ、日本に流入し、住み続けているが、どうやら日本は昔から住み良い理想郷だったらしい。考古学者の小林青樹氏も、渡来人とは半島経由でやって来た大陸難民としていた。

「春秋時代の中国の動乱は中原から東北部へと広がり、多数の移民や難民などが朝鮮半島北部に到った。それが南部に移動し、遂に北部九州に上陸した。紀元前五―四世紀頃、日本ではこの渡来人の到来と共に水路などの灌漑施設を持つ本格的な水田稲作が始まった」(96)(前掲書)

氏は、中原から東北部という畑作地帯からの難民が、「灌漑施設を持つ本格的な水田稲作を持ち込んだ」というが、彼らに水田稲作の技術があるとは思えない。ましてコメの遺伝子分析から、日本のコメは朝鮮半島から来た可能性はほとんどないのだから、この説には説得力がない。

氏は委細かまわず続けた。

「弥生時代早期(紀元前五―四世紀)の佐賀県唐津市菜畑遺跡は、渡来人が最初に入植した灌漑施設を持つ本格的な水田稲作のムラである。木製農具の他に、家畜ブタも見られ、ブタを使った祭りも行っている」(100)(前掲書)

だが浦林氏は、菜畑遺跡を「発掘された生活道具が、すべて縄文文化に由来するものだった」

「こうして日本最初の水田が、縄文人によって開かれたことが判明した」（『はるかな旅４』）と述べていた。

古くは司馬、ここでは戸沢、小林両氏は、紀元前五―四世紀、大陸の流民や難民が北部九州に上陸し、灌漑施設を持つ本格的な水田稲作を始めたと信じていた。彼らは、日本の稲作の開始時期と大陸の歴史とリンクさせ、年代を少しずつ遡らせることで、「渡来が始まったのは紀元前五―四世紀頃」と、まことしやかに水田稲作の開始時期を語っていたが、菜畑遺跡では紀元前一〇世紀に灌漑式水田稲作が行われており、彼らが推定した年代より五〇〇年も前から水田稲作が行われていた。わが国における水田稲作は、大陸の歴史と連動しないのである。

更に浦林氏は「菜畑遺跡の時代のすぐ後、日本列島には中国大陸や朝鮮半島から新たな渡来人が押しよせてきたと考えられている。この辺りの事情については第五巻に譲るが……」（『はるかな旅４』98）としていたが、後述するように、第五巻の記す二―三〇〇年頃の渡来の実態とは「押しよせてきた」とは程遠く、「年に一―三家族、パラパラとやって来た」に過ぎなかった。

しかもこれを「それ以前の渡来とは比べものにならない大規模なものだった」というのだから、「菜畑遺跡は渡来人が最初に入植したムラ」はあり得ない。何しろ、縄文時代の人たちのムラである証拠は山ほどあるが、シナ大陸から渡来人がやって来たという証拠は皆無なのだ。

証拠に基づいて語れば話しは逆で、縄文時代から九州の人たちは半島南部に進出し、日本との間を往来していた。従って、紀元前五—四世紀にボートピープルは漂着したかもしれないが、そこで彼らが見たものは、五〇〇年以上水田稲作を行っていた弥生社会だったはずである。

土井ヶ浜の人々は北部九州からやってきた

昭和二十八年（一九五三）、山口県の響灘に面した海岸から、渡来人の正体を探る上で重要な手がかりが発見された。これが土井ヶ浜遺跡であり、ここを一躍有名にしたのが、かつて砂浜だった場所から掘りおこされた三〇〇体余りの人骨だった。

そして発掘にあたった九州大学の人類学者金関丈夫氏（故人）は、この骨が縄文人とは大きく異なる特徴を持つことを明らかにした。一言でいえば顔の形が扁平で細長く、平均身長も高かった。この辺りの事情を戸沢氏は次のように記していた。

「さらに不思議なことに、埋葬方法には奇妙な一致が見いだされた。何故かみな同じ方向に顔を向けて葬られていたのだ。それは土井ヶ浜の西に広がる海、そしてその彼方にある大陸の方向であった。金関氏はこうした発掘結果から、土井ヶ浜の人々は、今から二千年あまり前の弥生時代、新たに日本列島にやって来た渡来人に違いないと考えた」（36）（『はるかな旅5』）

だが、金関丈夫氏は重大なファクターを閑却していた。それは数千年に亘る生活の激変である。そしてこの人骨について、「小進化」か「渡来」か「混血」かの論争があったという。ここで戸沢氏が小進化説に触れているので要点のみ記しておこう。

「実は日本人の顔は過去から現代にかけて大きく変化してきた。特に最近では生活様式の急激な変化に伴い、驚くほど速いスピードで変わりつつあるという。その最も大きな要因が食生活の変化である。（中略）ところが顔の研究によると、人の顔かたちは容易に変わるのである。身長も同じである。戦後、栄養状態の向上した日本人の平均身長が大幅にアップしたことは良く知られている。これを土井ヶ浜の人々に当てはめるとどうなるか。土井ヶ浜の人々の顔かたちや身長が縄文人と大きく異なるからと言って、一概に両者の間に断絶があるとは言えない。縄文人が顔や体つきを変化させただけなのかも知れない。土井ヶ浜の人々が別の場所から渡来してきたと考えなくとも説明がつくのである。渡来説には更に不利な状況証拠もあった。縄文時代から弥生時代にかけては日本の歴史上最も劇的に人々の生活が変わった時期である。農耕が本格的に始まり、主食もドングリからコメへと変わった。（中略）いずれにせよ、新たな人々の流入がなくとも当時の顔形や体つきの変化は十分説明が付くという点で渡来説とは真っ向ぶつかるものだった」(38)（前掲書）

次いで氏は、「もし大陸側に日本の弥生時代の人骨に似た骨が有れば渡来説に軍配が上がるし、それがなければ進化説が有利になる」（40）とした。そして山東省から出土した同時代（漢代）人骨と似ていたことから、「決着した」とした。

「こうみると、土井ヶ浜の人々は日本列島の縄文人とは別のグループに属することが分かる。より近いのは中国人の同時代の人骨である。このことはつまり、縄文人が進化して土井ヶ浜の人々になったというよりも、中国の同時代の人が日本列島にやって来て土井ヶ浜に住みついたと考える方が遙かに的を射ていることを物語っている。

ここに進化説か渡来説かという長年の論争は、渡来説の勝利で決着したのである。その後、松下（土井ヶ浜ミュージアム館長）さんは河南省の黄河中流域やチベットに境を接する中国奥地の青海省でも土井ヶ浜にそっくりな人骨を確認している」（44）（前掲書）

氏によると、土井ヶ浜の人々の故地はやはり朝鮮半島ではなく、今度はシナ大陸の山東省となった。だが彼らが渡来したという話は単なる想像、根も葉もない話しだった。

その五年後、最新の研究結果を記した『よみがえる日本の古代』（金関恕監修小学館二〇〇七）に於いて、藤田憲司氏は金関恕氏の父君・金関丈夫氏の渡来説を軽々と否定していた。

「土井ヶ浜遺跡からは北部九州で作られた弥生土器が出土しています。種子島以南の海でしか採れない貝で作った腕輪や指輪や、硬玉製の勾玉、ガラス小玉などを身につけて埋葬された人がいます。これから、土井ヶ浜の弥生人は北部九州からきたと考えられています」(62)

大陸からやって来たのなら、その時代の山東省の土器が出土して然るべきなのに、その種の土器は出土しなかった。その代わり、北部九州の弥生土器が出土したのだから、「土井ヶ浜の人々は北部九州からやって来た」となって当然である。

では当の「土井ヶ浜・人類学ミュージアム」は、この被葬者をどう考えているのか。

「土井ヶ浜弥生人など渡来系と称され、縄文人的特徴を持たない弥生人たちが渡来人だとすれば、彼らは、どこから、いつ、どのような経路で、渡来してきたのでしょうか。九州・山口と中国江南地域は弥生文化に影響を与えた地域の一つと見なされています。九州・山口と中国大陸東部や朝鮮半島との距離は近く、朝鮮半島からの文化やものが九州・山口へ入ってきていることから、両地域の間では人の交流があったことが予想されます。しかし、中国江南地域や朝鮮半島では古人骨の出土量が少ないために、両地域での比較研究が進展しておらず、渡来人と称されている弥生人たちの原郷はまだ明らかになっていません」

本家本元のホームページは「渡来説が勝利」とは宣言していない。ここでは戸沢氏の指摘した山東省の遙か南、揚子江下流域南岸の可能性を指摘したものの、原郷不明としていた。それはこの地から縄文系人骨も出土したからではないか。

土井ヶ浜の人々の形態変化が小進化によるものなら、或いは縄文時代から元々そのような形態だったのなら、彼らのルーツを海外に求めても決して明らかになることはないだろう。

渡来人は揚子江下流域から来たのか?

渡来人のルーツを「歯」から追究したのが松村博文・札幌医科大学講師（当時）だった。氏は『逆転の日本史　日本人のルーツ・ここまでわかった!』(洋泉社一九九八)(以下『日本人のルーツ』)において、次のように記していた。

「何故歯が重要かというと、まず第一に歯は人体組織の中で最も硬い部分であり、長い間土中にあっても原形をとどめて残存しやすい。つまり豊富に資料が得やすいという利点があります。もう一つ、歯は人体のなかで最も保守的な部分であり、環境が変化しても歯の形態は変化しにくいという特徴がある。ですから歯は祖先からの遺伝因子に基づく特徴を身体の中でも大変良く残しています。ということは、歯は人の起源や系統を探るうえで、非常に有効な手がかりになると考え注目したわけです。

骨は自然環境や食性などの生活文化の違いで、後天的に大きく変化します。栄養状態が良ければ手足はぐんぐん伸び、大腿骨や腕の骨は良く成長します。一方、良く調整された柔らかい食べ物ばかり食べるようになると、顎骨の発達が進まず、結果的に顔が細く華奢になります。

これに対して歯は遺伝因子による支配が強く、従来のままの形態や大きさが残存しやすい。現代の日本人を例に取ると、歯の大きさと顎の細さの間にギャップが生じ、乱杭歯になりやすくなっているのが分かります。大きな歯（遺伝的形質）が細い顎（後天的な発育）に並びきれないわけです」（44）（前掲書）

戦後の「顎の退化・乱杭歯・長身化」から薄々感じていたが、やはり人骨は変わるのだ。そして比較的変化しづらいという歯を「計測的形質」と「非計測的形質」に分けることで差異を見分けることが出来るという。では「歯」から見た渡来人の故地はどこなのか。


「従来言われてきた北東アジア（朝鮮半島、中国東北部等）の人に関しては、形質的な特徴が弥生人と完全に一致しているというわけではありません。（中略）歯の大きさに関しては差が見られるのです。

北東アジア人というのは、わりと小さな歯を持っている人が多い。アジア人のなかで見てゆくと、弥生人だけが例外的に大きな特大の歯をもっていて、その起源は不明だった。ところが数年前に上海自然博物館と共同調査を行った揚子江下流の漢代のお墓から出てきた人骨を見ますと、非常に大きな歯を持っていて、歯の大きさ、全体のプロポーション、被計測形質の全てで弥生人とぴったり一致しているのが分かりました。（中略）こうなってくると、ここが弥生人のルーツの地だったと言っていいかと思います」（52-53）（前掲書）

此処でも渡来人の故地は朝鮮半島ではなかった。「歯」から判断すると、山東省ではなく、今度は揚子江下流域となった。だがこの結論は次のような固定観念に基づいていたのではないか。

①日本人の主なルーツは渡来人にある。

②大勢の渡来人は弥生時代に日本へとやって来た。

この前提が崩れれば氏の論は空論となる。何しろ日本人のルーツは、旧石器時代以来、島伝いに南からやって来た人々、大陸から流れ着いた人々、サハリン経由でやって来た人々、朝鮮半島経由でやってきた人々などから成り立っているから、他の可能性も考えられるのだ。

例えば、今まで調査された縄文人骨は主に東日本、弥生人骨の多くは北部九州や土井ケ浜方面のものだから、この違いは縄文以前に流入した人々の地域差の可能性が残されている。縄文以前に東南アジアや揚子江下流域から漂着したなら、この地方の人たちの歯は縄文時代から大きかった可能性があり、この場合、渡来系弥生人と関東縄文人の歯の違いは「単なる地域差」となる。

歯が似ているだけで、今から二五〇〇―二四〇〇年前にそこから水田稲作技術を持って人がやってきたと結論づけるのは、いかにも短絡的だった。何故なら、北部九州から漢代の大陸系集落や土器、生活用具が出土したという話しなど聞いたことがないからだ。つまり、「大陸から渡来人はやって来た」は単なる推測であり、物的証拠は相変わらずゼロなのである。

縄文・弥生・古墳時代、日本人が半島南部に進出していた

『中央公論歴史と人物』（一九七五年六月）で司馬遼太郎、有光教一、林屋辰三郎の鼎談が行われた。特に興味深かったのは、朝鮮半島の先史時代から新羅までの埋蔵遺物、遺跡の専門家である有光氏の話しだった。

「朝鮮半島南部には、日本の弥生式土器、それに伴う石器と類似の物が、かなり濃厚に分布しているので、同様の文化が根を下ろしていて、それが日本に来た、と私は考えたい」

これは何者かに阿たダブルスタンダードの見本だった。考古学者は、日本から朝鮮系土器が発見されれば「朝鮮系渡来人がやって来た」と判断する。その考え方が正しいのなら、この事

実から「弥生時代から日本人が半島南部に進出し、多くの人たちがその地に住んでいた」と語れば良いではないか。

これはＮＨＫテレビでも放映されたことだが、筆者の記憶では半島南部の土器を見た韓国の学者は「これは日本の弥生土器だ」と認識していた。つまり縄文時代に続き、弥生時代にも多くの人々が日本から半島へと進出し続け、その地に住んでいたことになる。この状態は更に古墳時代へと続くのだが、朝鮮半島で前方後円墳形古墳が発見されたときの騒動が興味深い。

都出比呂志大阪大学教授（当時）は、「前方後円墳が中国や朝鮮半島に既にあって、それが倭（＝日本）の社会に影響を与えたという説があります」と切り出し、「中国の墓は円丘墓が二つ連なったもの」と否定した上で、問題となる朝鮮半島の墳墓へと話しを移した。


「韓国の考古学者・姜仁求氏は、韓国の前方後円墳が祖形となると主張（姜仁求一九八四『三国時代墳丘墓研究』嶺南大学校）しましたが、これまで発見されたものは五〜六世紀の新しいもので、第八回で述べるように、むしろ倭との交流の産物と考えるべきでしょう」（40）（ＮＨＫ人間大学「古代国家の胎動」一九九八）

姜氏は「朝鮮半島の前方後円墳が日本の前方後円墳のルーツだ」と発表したが、朝鮮半島の前方後円墳の年代を調査すると、何れも日本での築造開始時期（三世紀半ば）より数百年（五〜六世紀）も時代が下ったものだった。つまり姜仁求氏の判断は間違いであり、朝鮮半島の前方後円形墳墓とは、日本から韓国《から》へと伝えられたものだった。

そして前方後円墳の範囲を大和朝廷の勢力圏というなら、半島南部のかなりの部分がその影響下にあったことになる。では都出氏のいう「第八回」に何が書いてあるのか見てみよう。

「韓国では近年、前方後円墳の形をした古墳の発見が相次いでいます。殆どは韓国西南部の栄山江流域（百済の地　引用者注）に集中し、これまで十例ほど見つかっています。五世紀後半から六世紀のものが多く、なかには倭の地の製作技法に似た円筒埴輪を持つものもあります。しかし、埋葬施設から出土する土器は在地で製作された陶質土器です。このことから、これらの前方後円墳形の古墳は、栄山江流域に移住した倭人かその後裔、或いは倭人と親密な交流をした在地の首長層の墓と考えられます。（中略）

このような墓が韓国に存在することは、五世紀後半における倭人の対外活動の活発化と関係します。全羅北道竹幕洞遺跡では、日本列島で多く出土する倭系の滑石製の祭器が多数発見されました」（84）（前掲書）

都出氏は、十例ほど、と記していたが、姜氏は十九例ほど挙げており（図―7）、北はソウル

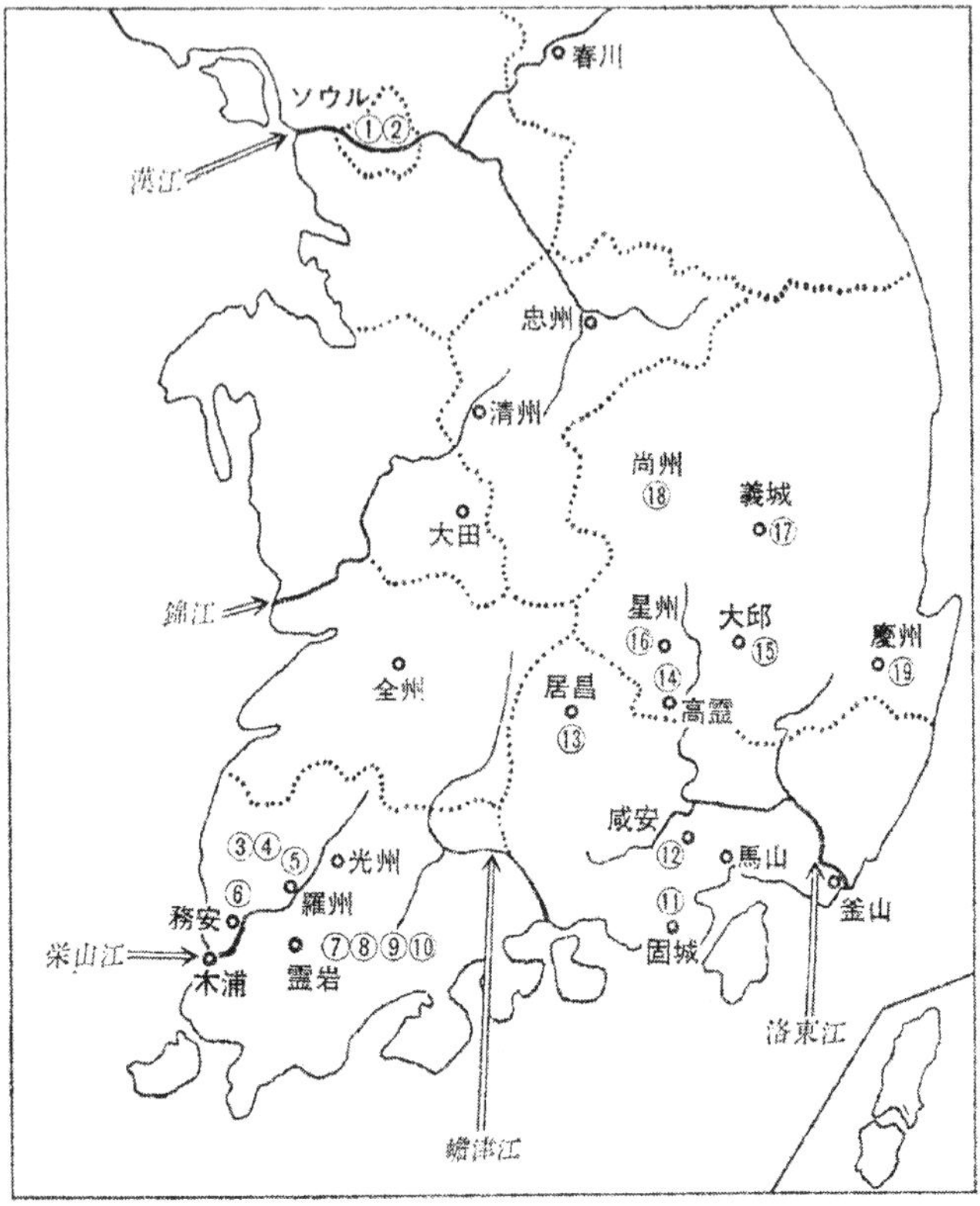

図－7　朝鮮半島の前方後円型古墳（『韓国の前方後円墳』森浩一著、社会思想社刊より）　北はソウル、西はモッポ、東は慶州など 19 ヶ所発見されている。調べると年代は、日本の前方後円墳より数百年も新しかった。即ち、この様式は日本から伝えられた可能性が高い。

から西は栄山江流域、更に釜山まで広がっていた（『韓国の前方後円墳』森浩一編著　社会思想社）。つまり、縄文・弥生・古墳時代と日本人は朝鮮半島に進出し、緊密な関係を持ち続け、古墳時代にはその首長クラス、おそらく百済の王も日本の影響を受けていたことになる。

然るに「日本の弥生式土器、それに伴う石器と類似の物が、かなり濃厚に分布している」ことを知りながら、「日本人が朝鮮半島へ進出していた」と明言出来なかった有光氏は、世の定説や時の空気に支配され、自己検閲をしていたのではないか。

古くから人々は日本から半島へと進出し、彼の地に縄文文化―弥生文化―古墳文化を伝え、同時に、現地の文化を取捨選択し、取り入れていた。事実に基づいて語るなら、その時代、「渡来の波が押しよせた」とは逆に、日本列島の人たちが朝鮮半島へと押しよせていたのである。

「あの渡来人の末裔なのか」なる戸沢氏の悩み

日本人が半島へと進出していたこの時代、戸沢氏はシナ大陸からの渡来を「量的にも時続期間の面でも比べものにならない大規模なもの」としていた。

「弥生時代の渡来は、それ以前の渡来とは量的にも時続期間の面でも比べものにならない大規模なものだった。人々の渡来の歴史が繰り返されてきた日本列島の歴史の中で、最大の変化を生んだ渡来の波が押し寄せたといってもいい。しかも弥生時代の渡来人は、それまでやって来た人とは全く違う生活様式やものの考え方を持つ異質な人々だった。

まず第一に、彼らは日本列島に初めて現れた農耕民だった。縄文人も主に焼畑によって細々とイネや雑穀を栽培していたが、基本的には狩猟採集民である。しかし渡来人は水田耕作を生活の基盤に据えた完全な農耕民であった。

第二に、渡来人は日本列島に初めてクニを誕生させたという点で、縄文以前にやって来た人々と大きく違っていた」(27)(『はるかな旅5』)

『はるかな旅4』で、浦林氏は「縄文人が灌漑施設を伴う水田農耕を行っていた」としていたのに、戸沢氏は実態をねじ曲げ、「焼畑によって細々と……」と改変していた。

「農耕、そしてクニ。それまでの日本列島になかった文化を携えてやって来た渡来人は、弥生時代に入って急速に列島全体に広がり、縄文人と入れ替わるように日本列島の主人公になってゆく。その過程では凄惨な殺し合いが起こっていたことも近年明らかになってきている。縄文人が一万年にわたってわが世の春を謳歌していた日本列島は、僅か数百年で渡来人に乗っ取られてしまったかのような様相を呈したのである。

私たち日本人は、先住民である縄文人を滅ぼした渡来人の末裔なのか。もしそうだとすれ

ば、日本人とは、アダムとイブ以上の原罪を負って日本列島に生き長らえてきた民だったことになる」（27-28）（前掲書）

自らをシナ人の子孫と思い込んでいた氏は、「凄惨な殺し合いをし、縄文人を滅ぼした渡来人の末裔なのか」と原罪意識に呵まれていた。

「縄文人は本当に渡来人に駆逐されてしまったのだろうか。私たち日本人の過去は、しかしそこまで血塗られたものではなかったようである。人類学の研究から、現代日本人には縄文人の遺伝子が三割程度遺されているというデータが出されている。

この三割という数字が大きいか小さいかは、議論が分かれるところだろう。残りの七割の遺伝子は渡来人に由来するわけだから、縄文人はやはり多数派の渡来人によってマイノリティに追い落とされたと捉えられなくもない。

しかし別の見方をすれば、渡来人の圧倒的な優位の中でよくぞここまで勢力を保ったとも云えるのではないだろうか。北米大陸やオーストラリアの先住民と白人の関係に比べれば雲泥の差がある」（28）（前掲書）

確かに、大陸の漢民族は多くの民族を亡ぼしてきた。戦後は、清朝を開いた満洲族を言葉や文化もろとも地上から消し去った。

この動きは、南モンゴル、チベット、ウイグル族などの民族、言語、文化のジェノサイドという形で今も進行中である。従って、その彼らの祖先が大挙して日本へと渡来したのなら、それまで主人公だった縄文人たちを皆殺しにしても不思議もなかった。

しかし戸沢氏の祖先は、三割程度の縄文人を見逃したのだから、白人に比べればマシだった、と胸をなで下ろしていた。その証拠として、「日本人には縄文人の遺伝子が三割程度遺されている」というが、その根拠が「人類学」とは意外だった。

どうやら氏は、「人類学から遺伝子の残存率が分かる」と信じているようだった。つまり、「遺伝子はＤＮＡ分析から解明する」という常識を欠落させたままフィナーレへと向っていった。


「私たち日本人が生まれるとき犯したかもしれない原罪。日本人誕生のプロセスを最新の研究にもとづいて解き明かしながら、私たちの過去を見つめてゆくことにしよう。それは、約三万年前から辿って来たはるかな旅の最終ゴールを見届ける道行きでもある」(33)(前掲書)

ではは筆者も、戸沢氏の信じた「最新の研究」とやらによって解明されたこのシリーズのゴールを見届けてみたい。

研究成果は「ヒトの歯も変わって行く」だった

人類学の最新研究とは何か、と思ったら「歯」だった。「歯」から私たちの遺伝子に占める渡来人と縄文人の割合が分かるとは初耳だった。

「縄文系と渡来系の混血は、その後、世代を重ねる毎にますます進んでいった。そうした混血の進み方の様子を混血率という具体的な数字で明らかにしたのが、人類学者で札幌医科大学講師の松村博文さんだ。混血率を斬り口に日本人の成立のプロセスを大胆勝つ明快に示した松村さんの研究は画期的といっていい。その成果はこの本の後半に詳しい」(83)(『はるかな旅5』)

そこで後半を開くと、氏は、ヒトの頭骨や人骨は食糧や環境により変わって行くが、「歯」は変わりにくい、という持論を展開していた。

「歯は人骨部位の中でも環境変動に左右されにくく、遺伝的に安定した形質が抽出でき、しかも保存状態が不良であっても資料も採取が容易であるからだ。頭骨と同様に歯の形質においても縄文人と渡来系弥生人との間には大きな違いがみられる。

両者の歯と今の日本人の歯とは何処がどのように違うのか。そこで私は、縄文時代から現代に至る二五〇〇体分の永久歯を調べ、日本人の歯の形質が時代によりどのように変化してきたのかを明らかにしてみた」(139)(前掲書)

その上で氏は、北海道の茶津遺跡から出土した人骨の「歯」から、渡来系五体、縄文系二体、と判別していた。「こんな処に弥生遺跡があったのか」と思って遺跡年代を調べてみた。

「茶津貝塚は、調査面積七五〇〇㎡、縄文時代中期(約五〇〇〇年前)の遺跡である」(「遺跡発掘調査について」北海道文化財研究所　吉田玄一　平成三年二月二十日)

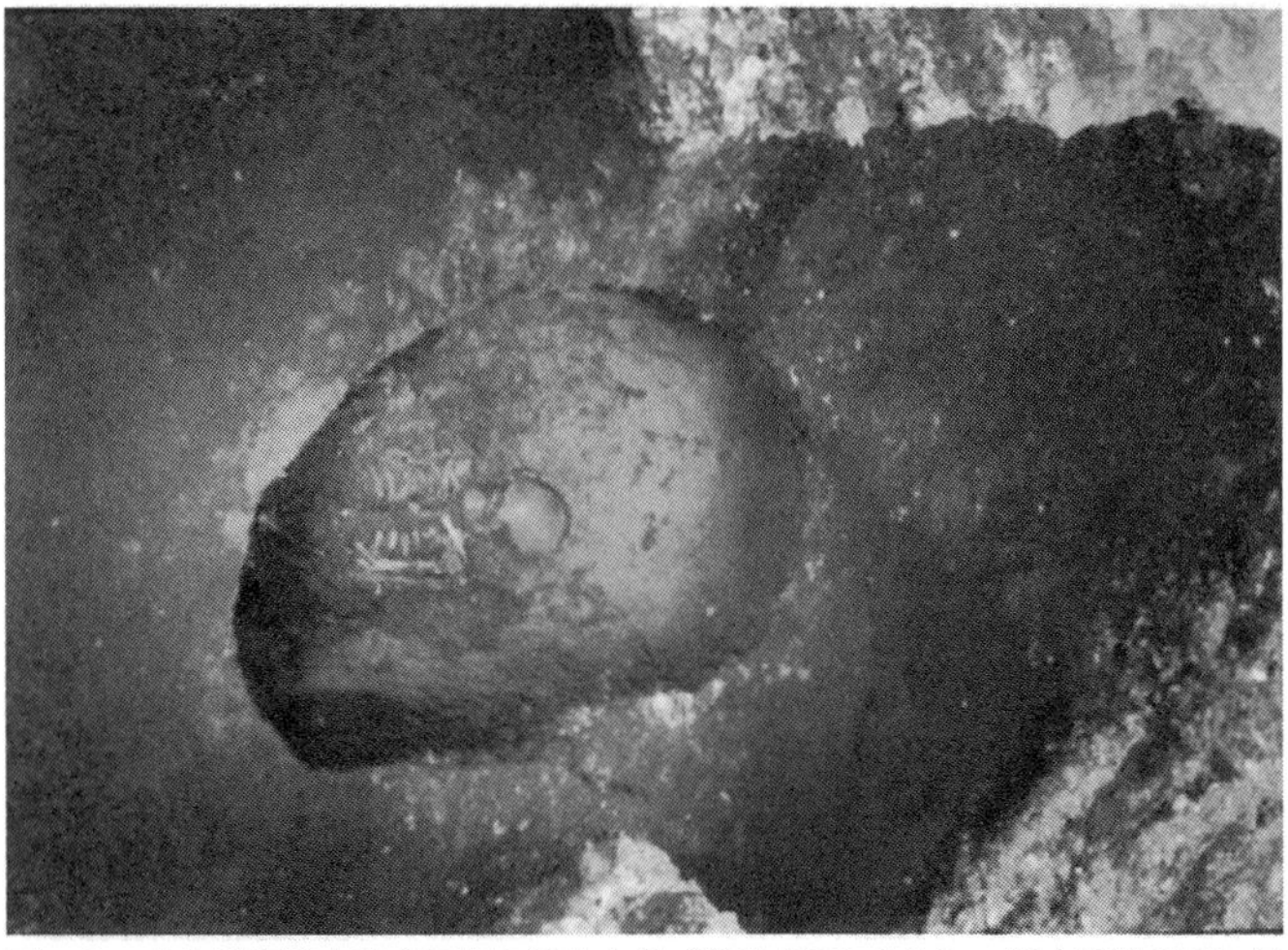

図－8　北海道伊達市黄金貝塚の縄文人骨(伊達市HPより)　縄文時代5000年前の埋葬状況。5000年前の茶津貝塚や礼文華遺跡から、渡来人と判別される歯を持った人骨が出土している。

何とこの遺跡は、縄文前期から中期のものだった。すると渡来人がやって来たとされる遙か昔、このムラには渡来系弥生人と判別し得る「歯」を持った縄文人が、七割以上の確率で生活していたことになる。これでは「歯」の判別は出来ても、「歯」を根拠に、その人骨を縄文系か渡来系かに判別するのは困難なのではないか。だが氏は続けた。

「西日本に渡来した人々がどのように列島内に広がっていったのかを、時代毎に追ってみることにした。まず最初に、歯を使った分析が統計学的にどの程度の確率で縄文系の人々と渡来人を見分けることが出来るのかを確認しておく必要がある。（中略）その為の効果的な手法として、歯のサイズをもとにした判別分析を適用するのが最適であると考え、縄文人と土井ケ浜遺跡を主とする渡来系弥生人との判別を試みた。その結果、最大九五％の正答率で渡来人と縄文人の歯を判別出来ることが分かった」（141）（前掲書）

判別プロセスは記していなかったが、統計学としては耳慣れない「正答率」という尺度を信用するしかない。氏は調査結果をグラフ化したが、筆者にて読み取った値は次の通りだった。

「歯によって渡来系と判別された関東地方人・琉球人・アイヌ人の割合」（145）

弥生時代人	渡来系　六〇％	（縄文系　四〇％）
古墳時代人	渡来系　七二％	（縄文系　二八％）
鎌倉時代人	渡来系　六二％	（縄文系　三八％）
室町時代人	渡来系　六三％	（縄文系　三七％）
江戸時代人	渡来系　七五％	（縄文系　二五％）
現代関東人	渡来系　七五％	（縄文系　二五％）
琉球人	渡来系　六一％	（縄文系　三九％）
アイヌ人	渡来系　三二％	（縄文系　六八％）

何故か、茶津遺跡などの「縄文時代人」は氏の判別データに含まれていなかったが、この結果を見ると次のような疑念が湧いてくる。

①古墳時代から鎌倉時代になると縄文系が一〇％増え、渡来系が一〇％減るのは何故か。どこからか縄文人がやって来たのか。

②鎌倉・室町時代に増加した縄文系が江戸時代になると十二％も減少し、渡来系が一〇％も増えるのは何故か。この時代に数百万人もの渡来人がやって来たのか。

③埴原氏によると「アイヌと琉球人は縄文人の末裔」なのに、琉球人には渡来系割合が六一％

もおり、弥生時代の渡来系より高率なのは何故か。
④同様に、アイヌ人の中に渡来系が三割強もいるのかは何故か。

そして自らの判別方法と、その結果の正当性を矮小化する次の言いようは、判別困難な「歯」が多数あったことを彷彿とさせる。

「判別された個体はそれぞれ純粋な縄文系あるいは渡来系というのではなく、あくまでどちらのタイプに近いかを示すに過ぎない」(143)

今から五〇〇〇年前、渡来系弥生人と判別される「歯」を持った人たちが七割以上を占めるムラがあったのだから、判別に困難が伴うことは予想されていた。「骨」と「歯」の判断が一致していたかは不明だが、危うさを内包したまま結論まで突き進んだ。

「この分析で得られた縄文系タイプと渡来系タイプの個体数の比率は、そのまま混血率を示すものではないが、もし仮に混血率を反映しているのであれば、関東地方の現代日本人は縄文集団が概ね二割五分ほどに対して、渡来系集団が七割五分ほどの混血率により成り立っているものと見ることができる」(145)(『はるかな旅5』)

通常の論理展開では、「混血率を示すものではない」なら「が」の入る余地はなく、直ちに「従って混血率を反映していない」でお終いとなる。だが一転、「もし仮に混血率を反映しているのであれば」として導き出した結論に、如何なる価値と意味があるのだろう。

処が戸沢氏は、「松村さんの研究は画期的といっていい」と持ち上げ、村松氏も「遺伝子」とは言っていないのに、勝手に「日本人には縄文人の遺伝子が三割程度遺されている」とした。

そして『はるかな旅』シリーズから、DNAからの日本人のルーツ研究を欠落させたのである。

こんな杜撰な決め方とは思っていないだろうから、NHKの視聴者や『はるかな旅』シリーズの読者は、「日本人の七割は渡来系」と誤認したのではないか。

だがこの研究は無価値ではない。

かつて鈴木尚氏は「人の骨は変わって行く」ことを実証したが、松村氏は、縄文時代から日本人の「歯」には個人差があり、しかも時代により変化して来た。即ち「ヒトの歯は変わらない」なる前提を、自らの手で覆したことに価値があったのである。

ＡＴＬウイルスからの検証・渡来人はゼロに近い

「母乳を通じて母子感染し、白血病などを引きおこす危険性のあるウイルス（成人Ｔ細胞白血病ウイルス以下ＡＴＬ）の感染者が都市部で増加していることが分かった」（平成二十一年八月二十二日産経新聞）なる記事が目に止まった。

平成十九年のATL感染者は約一〇八万人。年間約千人が発症しているとみられ、発症すると半分近い人が一年以内に命を落とす。このATLは授乳を通して母子間や夫婦間で感染し、その感染率は一〇〜三〇％とされている。また平成二年の感染者の分布状況は次の通りだった。

九州・沖縄　五〇・九％、中国・四国　五・四％、近畿　一七％、中部　四・八％、

関東　一〇・八％　その他（東北・北海道）一一・一％

このデータから、九州・沖縄が圧倒的多数を占め、近畿にもかなりの感染者がいることが分かる。そして中国・四国、関東、東北、北海道にも分布しているが、何故か中部地方が最小となっている。処が、いくら調べても、大陸や半島の人たちにはATLキャリアは発見されていないという。この数十年前から変わらぬ事実をどう解釈したら良いのだろう。

『日本人のルーツ』【ATLウイルス】(170)によると、田島和雄愛知県がんセンター疫学部長（当時）は、インタヴュアー八岩氏の質問に次のように答えていた。

八岩　患者やキャリアが日本列島の南北に集積しているということから、先生はどういうことを推測されますか。

田島　最初の日本人が南北から日本列島に入ってきた、と云うことでしょう。その後氷河期が終わって陸路がなくなり、朝鮮半島を通ってウイルスを持たない人々がやって来る。彼らは北九州から瀬戸内海、近畿、中部あたりに住みついたこと。そして混血を繰り返し、日本列島の中央から感染者が薄まっていった。その為、南北の端に行くほどキャリアが多く残っている――そう考えるのが一番自然じゃないですかね。

だがこれは説明になっていない。渡来人が最初に上陸し、そこに住み、混血し、人数も増えたのなら、九州や土井ヶ浜近辺でのキャリアが真っ先に少なくなって然るべきである。処が、データの示す処は、この地方のキャリアが多く、縄文系と渡来系との混血が遅れたであろう中部地方の感染者が最小となっている。（図―9）

そう言えば二十年以上前、山本七平氏も同じようなことを言っていた。

「京都大学名誉教授日沼頼夫博士が興味深い説を提唱した。氏は生物学者で歴史学者でも考古学者でもない。日沼教授はＡＴＬウイルスのキャリアが、東アジアでは日本人にしかいないこと、日本以外では沿海州からサハリンに分布している少数民族に発見されているにすぎず、中国・韓国には如何に調査しても全くいないことを発見した。（中略）

東アジアでは何故日本人だけにＡＴＬウイルスのキャリアがいるのか、これは日本人の先

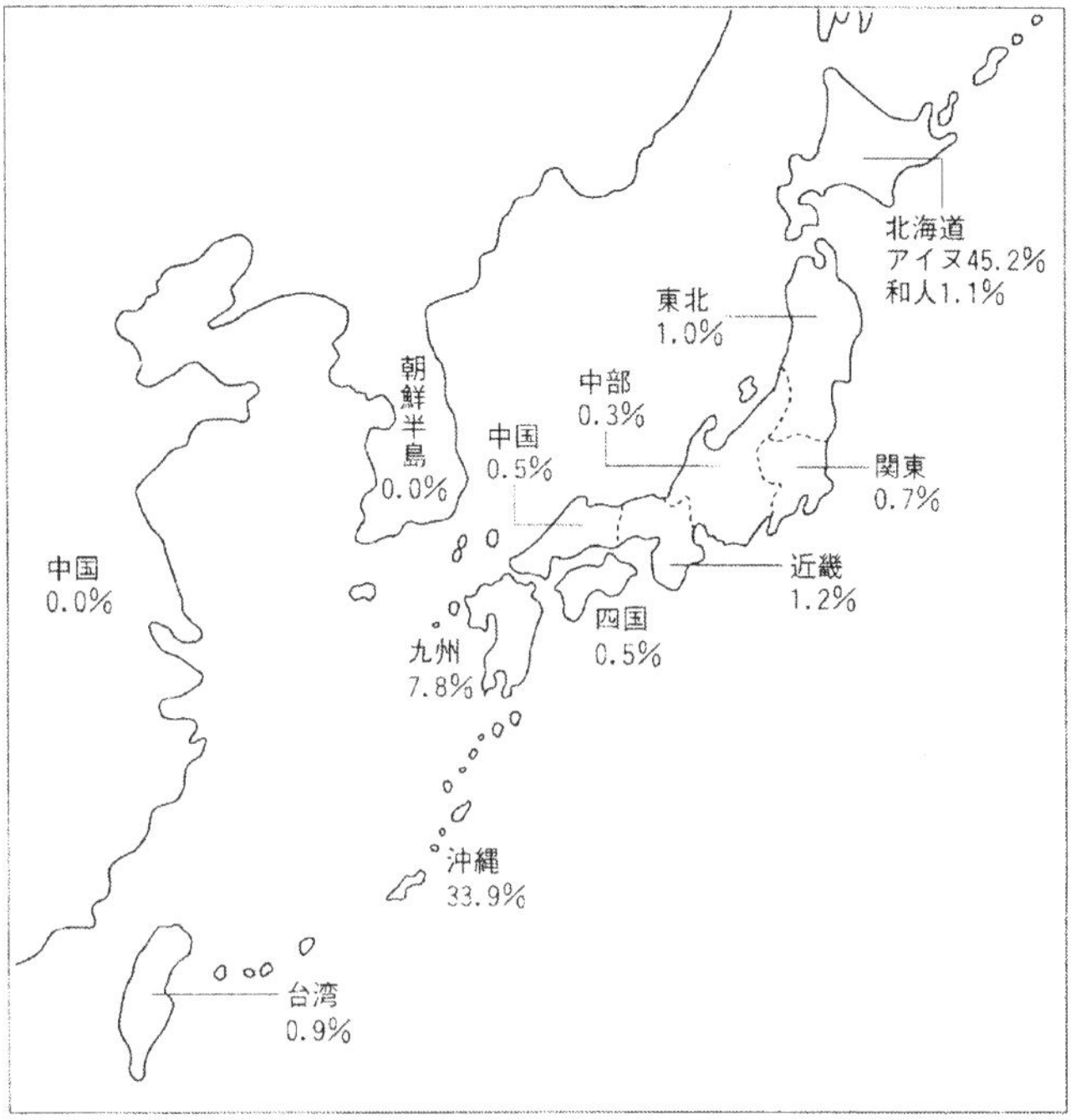

図－９　ＡＴＬウィルスキャリアの密度（『私たちはどこから来たか』隅元浩彦著、毎日新聞社刊より）　キャリアゼロの渡来人が北部九州に押し寄せたのなら、本土においてなぜ九州のキャリアが飛びぬけて多いのだろう（日沼名誉教授作成）。

祖を考える場合興味深い問題である。更に興味深いのは、そのキャリアの日本における分布で、全国に平均しているわけではなく、第一に九州・沖縄に圧倒的に集中していること、第二が離島や海岸地域に大きな密度を持つ地があること、第三に約三十年ほど前のアイヌ人の調査ではその密度が沖縄以上に高いことである」（31）（『日本人とは何か上』）

ここまでの指摘は良かったが、その解釈で話しがおかしくなった。

「日本列島の周辺部が高いわけで、稲作が早く伝播したと思われる瀬戸内地方や名古屋などが少ない。このことから、縄文人はＡＴＬを持っており、稲作を持ってきた弥生人にはＡＴＬがなく、それとの混血が早かった地方ほどＡＴＬのキャリアが少ないという仮説が成り立つ」（32）（前掲書）

これも説明になっていない。日本で最初に水田稲作が始まったのが北部九州であり、それが順次東へと伝搬していったことは当時から分かっていた。だが氏は、〝早くから稲作が伝播した地域〟から北部九州や近畿を除外した。それはこれらの地域を加えると、氏の説明は成り立たないことを知っていたからではないか。

つまり、ＡＴＬゼロの渡来人が北部九州に上陸し、稲作を始め、縄文人と混血し、人口が増加したのなら、その地のキャリアが真っ先に最小になるはずなのに、逆に多いからだ。そこで氏は、稲作が早くから伝搬した地域を「瀬戸内地方や名古屋」とし、「北部九州や近畿を欠落させた」のではないか。

今から二十年前、筆者は「日本人の祖先は主に朝鮮半島からやって来た人々」なる論を覆す科学的根拠を見いだせないままでいた。だがこの一文を読んで、自らの直感の正しさを確信し、ホッとしたことを覚えている。ATLキャリア分布から次のことが分かったからである。

①ATLウイルスを持たない多くの渡来人が大陸や半島から渡来したなら、わが国で最初に水田稲作が行われた北部九州や土井ヶ浜付近からゼロになるはずである。

②だが菜畑遺跡のある佐賀、板付遺跡のある福岡、土井ヶ浜のある山口県西部の辺りにATLキャリアが多く、対馬、隠岐の島、五島列島、長崎などは更に高い感染率になっている。次いで、多いのが近畿となっている。

③渡来人と縄文人との混血がキャリア減少の原因なら、渡来人が最初に上陸し、より早くから混血が進んだであろう九州や近畿などの方が、関東や中部よりキャリアが少なくなって当然である。

④従って、①、②、③から北部九州へとやって来た渡来人は少数だったし、子孫も少なかったと断ぜざるを得ない。この地に渡来人が押しよせたのなら、或いは彼らが爆発的に人口

増加を来したのなら、縄文系が保有していたとされるＡＴＬキャリアは、九州や近畿から真っ先に減少し、縄文の血が濃いと言われる北に行く程多くなるはずだからだ。

⑤では何故、関東や中部が少ないのか。この混血は渡来人と縄文人の混血によるのではなく、それは縄文時代以前に北と南からやって来た異なるＤＮＡの人たちが、日本列島の中央部で邂逅し、長期に亘り混血が進んだからだ、と解釈せざるを得ないのである。

筆者と氏の見方は一致しなかったが、科学的根拠を持って「私たち日本人の祖先は渡来人ではない、縄文以来の人たちである」との確信を持てただけでも、これは価値ある情報だった。そして『はるかな旅』シリーズもＡＴＬウイルスを取り上げなかったのは、「日本人の七割五分の遺伝子が渡来系」、「北部九州に上陸した渡来人が人口爆発を起こし埋め尽くした」では、ＡＴＬキャリアが示すデータを説明出来ないと判断したからに違いない。

結論「渡来人が大挙押し寄せた」とは年に二〜三家族だった

多くの歴史教科書は「朝鮮半島から日本列島へ渡ってきて住みつく渡来人が大勢いました」と教え、『はるかな旅５』も小学生用の教科書と何ら変わることはなかった。

「板付遺跡はおよそ二四〇〇年前に遡る集落の跡である。発掘されたのは一九七〇年代の末。

本格的な水田を持つ稲作集落だった。二四〇〇年前といえば、第四巻でも取り上げた佐賀県菜畑遺跡に次ぐ日本列島で二番目に古い水田である。しかも水田の規模や水利施設の充実ぶりは菜畑遺跡を遥かに上回っていた。大陸仕込みの最先端の文化は、やはりこの地に根をおろしたのである」(57)(『はるかな旅５』)

次いで氏は、この地を〝渡来人入植地〟とすると思いきや、様子が違って来たのである。

「こうした板付遺跡の発掘結果からは、この集落が大陸からやって来た渡来系の人々によって営まれたと言っても何ら差し支えないように思われた。しかし当時の福岡周辺を眺めてみると、意外にも渡来系の人々の影はそんなに濃くないことも分かってきた。(中略)確かに水田稲作という新しい生産活動のためには大陸から新しい農具や工具を持ち込んで使っている。(中略)しかし一方で、土器などその他多くの道具は縄文時代と基本的に変わらないという見方が強い。生活の基本的な部分は、縄文時代の状態がほぼそのまま踏襲されているというのである」(59)(前掲書)

先に紹介した松木武彦氏や小林青樹氏のように、「大陸からの渡来人の入植地」なる判断には無理があると感じたのか、日本にやって来た農耕民の話しが微妙に変わってきた。そして戸沢氏自ら語った「比べものにならない大規模なもの」の実態を明らかにした。

「こうした考古学の研究結果から、弥生時代の渡来について（中略）確かに縄文以前の渡来に比べると規模が大きかったことは間違いないが、渡来人が大挙押し寄せたような状況は考えにくい。渡来して来た人の数となると、多く見積もって、数百年で数千人。一年でせいぜい数十人に過ぎない。二家族とか三家族とかごく少数の人々が、長い間にぱらぱらとやって来たというのが実態ではないか……」(59)（前掲書）

これが結論だった。そしてこれが「比べものにならない大規模なもの」なら、それ以前の渡来は「ほとんどなかった」ことになる。そして「ほとんどなかった」は、ＡＴＬキャリアの分布から導かれる推定と一致する。

ではＮＨＫの『はるかな旅』シリーズは、何故今まで執拗に「比べものにならない大規模な渡来」と唱え続けたのだろう。最初から「ほとんどなかった」と記せば良かったではないか。

以下は想像だが、どうしても「大規模な渡来があった」としたいＮＨＫは、仮に考古学者から「弥生時代の渡来はわずかだった」と指摘されれば、「我々の意味は年にせいぜい二〜三家族ということだ」と言い逃れる逃げ道を造っておいたのではないか。

だが普通の人が「比べものにならない大規模な渡来だった」と聞けば「大勢の人々がやって来た」と思い込み、独り歩きを始める。つまりＮＨＫは、歴史教科書の記述と同じ言葉を用い、定説である「大量渡来」に迎合し、専門家の反論を封じつつ、事実を隠し通したことになる。

実際、これだけ大がかりなシリーズが終わっても、教科書の記述も世の常識も変わることはなかった。彼らは、「渡来人はほとんど来なかった」ことを知りながら、「大勢の渡来人がやって来た」と言い続け、錯覚させることで、日本中の視聴者を騙しきったことになる。

では世の学者は縄文から弥生にかけての時代をどう捉えていたのか、『はるかな旅』シリーズの結論に至る前に、「定説のバックボーン」となってきた諸学説を検証しておきたい。

第五章

もはや古すぎる小山修三氏の「縄文人口推計」

氏の縄文人口推計の実像とは

この領域に踏み込むには、先ず『はるかな旅4』(92)で紹介された小山修三・国立民族学博物館教授(当時)の「縄文人口推計」を通らなければならない。

何故なら、この人口推計は埴原和郎氏の「一〇〇万人渡来説」、鈴木隆雄氏の「病原菌による縄文人絶滅説」、中橋孝博氏の「渡来人の人口爆発」など、様々な場面で登場し、彼らの論考のバックボーンとなってきたからだ。それればかりか平成二十年(二〇〇六)の鬼頭宏・上智大学教授の著書にも引用されていたから、氏の論は今も縄文人口論の拠となっていると思われる。

筆者は、多くの学者やマスコミ業者が、何の疑問も差し挟まずに認めてきたこの人口推計を、始めから疑っていたわけではない。縄文時代の記述に必ずといって良いほど登場する氏の縄文人口推計とはどのようなものか、知りたかっただけである。そこで手近にあった『縄文学への道』(NHKブックス一九九六)を開いてみた。ここで氏は、山内清男氏の一五万人説、芹沢長介氏の一二万人説、塚田松雄氏等の人口推計を「問題あり」として退け、自説を展開していった。

「一九七八年に発表した論文〝Jomon Subsistence and Population〟のなかで、一定の期間内に存在する遺跡数から、縄文時代の五期の人口量を推算した。(中略)手順としては、最初に一九七四年に各都府県の遺跡を集め、それらを五期(早期・前期・中期・後期・晩期)に分け、更に九つの地域（東北・関東・北陸・中部・東海・近畿・中国・四国・九州）ごとに集計して時期・地域別遺跡表をつくり、これを人口推定の基礎資料とした」（107）（『縄文学への道』）

「一九七四年のデータだって？」なる疑念が湧くのは当然だった。これが本当なら、その後発掘された多くの遺跡データは、この人口推計に反映されていないことになるからだ。

「縄文時代の五期は、期ごとに炭素14年代のデータをグループに分け、その中央値をt検定して有為差のあることを示し、各時期が重複しない独立した期であることを証明した」（108）（前掲書）

この一文は、尤もらしさの味付けをしただけで、大した意味はない。それより氏の言う「縄文晩期」とは何年を指すのかを知りたかった。この本には見当たらなかったので、国会図書館へ行き、更に十二年前に上梓された『縄文時代』【コンピューター考古学による復元】（中公新書一九八四）（以下『縄文時代』）を取り寄せ、他の疑念と共に確認してみた。

すると、氏は全国の遺跡を〝炭素14年代〟で年代確定し、分類したのではなく、縄文草創期はたった四遺跡、早期は一一遺跡、前期は三二遺跡、中期は二二遺跡、後期は二四遺跡、晩期は一六遺跡、弥生は二八遺跡を対象に年代を決めたに過ぎなかった。

その結果、縄文時代各期の年代、草創期一一八三八年前、早期八一三〇年前、前期五一五八

年前、中期四三三九年前、後期三三二九年前、晩期二九一六年前、そして弥生時代は一八四六年前になったとした。

これを用いて「縄文早期八一〇〇年前、前期五二〇〇年前、中期四三〇〇年前、後期三三〇〇年前、晩期二九〇〇年前、弥生時代一八〇〇年前と決めた」とあった。基準年は記していなかったが、炭素14年代なら言うまでもなく一九五〇年であるから、この年代を西暦に直すと次のようになる。

弥生時代・一〇〇年（1950 - 1846=104を四捨五入）。同様に以下の年代となる。
縄文晩期・紀元前一〇〇〇年　縄文後期・紀元前一四〇〇年
縄文中期・紀元前二四〇〇年　縄文前期・紀元前三二〇〇年
縄文早期・紀元前六二〇〇年　縄文草創期・紀元前九九〇〇年

氏のいう「縄文晩期とは紀元前一〇〇〇年、弥生時代とは一〇〇年」なる設定が、後々誤解を生じる源となるから記憶しておいて頂きたい。次いで人口推計の終点を次のように決めた。

「日本で最も古く、且つ信頼性の高い人口データは、沢田吾一氏による奈良時代の人口量で『延喜式』の国別租税高から推算されたものである。そこで沢田氏の人口データを九地域に

再集計し、これらを土師期の遺跡数と対置して、この期の遺跡当たりの人口率を求める」(108)

(『縄文学への道』)


氏はこの年代を「八世紀中頃」としたので、ここでは七五〇年とした。

次に「推計手順」の説明を行った。

先ず、土師期の関東の人口（N＝943,300）を遺跡数（S＝5,494）で割り、遺跡当たりの平均人口（W）を一七〇人（W＝N/S＝943,300/5,494＝171.7）とした。

その上で、ある地域（A）、ある時代（T）の人口（P）は次式から求められるとした。

P＝170×C×S

Cは縄文各期の遺跡の土師遺跡に対する重み付け定数であり、各期の代表的な遺跡規模と土師期の遺跡規模を比較し、平均的な遺跡人口を求める係数とした。

縄文早期C＝1／20　一遺跡当たりの人数八・五人
縄文前期、中期、後期、晩期C＝1／7　一遺跡当たりの人数二四人
弥生時代C＝1／3　一遺跡当たりの人数五七人

こうして全ての定数が決まり、各地域・各時代の遺跡数［S］を確定すれば人口は算出できる。その結果を集計したのが（表―1）である。筆者にて元表に年代を記入したが、ここまで理解されれば、この人口推計の問題点が自ずと明らかになる。

この「人口推計モデル」の算式は単純すぎる

第一の問題点は、この計算式が単純すぎるということだ。またこの人口推計を信じるには、氏の著書には明記されなかった、次のような前提条件を受け入れなければならない。

縄文早期〜晩期・弥生から土師期まで、「各時代区分に各地域で発見された遺跡数」の「実際に存在するであろう遺跡数比率」は「土師期の関東地方の想定発見比率と同じ」である。

表－1　縄文・弥生時代の人口推移（「縄文時代」を改変）　縄文、弥生の各期に暦年代を書き加えた。

	早期	前期	中期	後期	晩期	弥生	土師
中央値	8138	5158	4339	3329	2916	1846	1200
-はBC	-6188	-3208	-2389	-1379	-966	104	750
採用年	-6200	-3200	-2400	-1400	-1000	100	750
東北（人）	2,000	19,200	46,700	43,800	39,500	33,400	288,600
関東（人）	9,700	42,800	95,400	51,600	7,700	99,000	943,300
北陸（人）	400	4,200	24,600	15,700	5,100	20,700	491,800
中部（人）	3,000	25,300	71,900	22,000	6,000	84,200	289,700
東海（人）	2,200	5,000	13,200	7,600	6,600	55,300	298,700
近畿（人）	300	1,700	2,800	4,400	2,100	108,300	1,217,300
中国（人）	400	1,300	1,200	2,400	2,000	58,800	839,400
四国（人）	200	400	200	2,700	500	30,100	320,600
九州（人）	1,900	5,600	5,300	10,100	6,300	105,100	710,400
全国（人）	20,100	105,500	261,300	160,300	75,800	594,900	5,399,800
東日本（人）	17,300	96,500	251,800	140,700	64,900	292,600	2,312,100
西日本（人）	2,800	9,000	9,500	19,600	10,900	302,300	3,087,700

つまり一九七四年当時、関東地方の土師期遺跡の実際の総数は分からないが、それまでに発見された総数が五四九四ヵ所であった。だが未発見の遺跡があるはずであり、それを含めた総遺跡数に対する発見された遺跡総数、五四九四ヵ所を仮に七〇％とすれば、「東北から九州までの各地域で発見された土師期の遺跡数も七〇％となり、かつ縄文早期から弥生時代までの遺跡発見率も全て七〇％」という前提の上に氏の推計は成り立っている。

しかし、一九七四年（昭和四十九年）頃を思い起こせば、関東地方のように開発が進んでいた地域と、この時点では開発が遅れていた地域の遺跡発見率を同じとするには問題がある。開発に伴い発見された遺跡も多いことから、前者の発見率が高く、後者の発見率が低いのが一般的傾向であるからだ。また通常、古い遺跡ほど地中深く埋もれているから発見率が低くなるが、「全ての時代、全ての地域の発見率は同じ」が氏の人口推計の前提であった。

次に問題となるのは、一九七四年以降に発見された遺跡の取り扱いである。次の一文から、氏はこれらの遺跡を算入しないことで生ずる〝誤差〟を十分認識していたとは思えなかった。

「最近の考古学の発達はめざましく、その発掘件数は年間一万件を超え、新発見の遺跡の数も増えている。私の算出した縄文人口は一九七四年までの遺跡調査に基づいたものであった。従って、遺跡数が増えるに従って実数を変えるべきではないかと云う意見がある。

確かに当時まで遺跡発見数の少なかった西日本では、その後登録遺跡数が増え、人口の多少の手直しの必要性を感じている。しかしそれでも東西の地域差を埋めるほどの数に至っていないようである。この推計では、関東地方の土師器を出す遺跡と八世紀中頃の人口の比率が基数（一遺跡あたりの人口一七〇人　引用者注）となっているため、そこの大きな変化がない限り、遺跡数が増えれば人口が全国的に増えるという動きには繋がらない」(38)（『縄文時代』）

そうではない。先の計算式P＝170×C×Sから分かるように、基数〝170〟が変わらなければ、遺跡〝S〟が増えれば人口〝P〟が増加する。但し次のことは言えよう。

関東地方において一九七四年以降、今日までに発見された土師期の遺跡（S）が増えれば、当時の人口（N）は変わらないから、遺跡当たりの基数一七〇人は減少する。例えば、発見遺跡数が二割増えれば、一七〇／一・二＝約一四〇人／遺跡となる。すると各地域・各年代の人口変動は三つのケースが考えられる。

①発見された遺跡割合が二割増えたなら、人口は変わらない。
②発見された遺跡割合が二割以上なら、人口は増加する。
③発見された遺跡割合が二割以下なら、人口は減少する。

計算式　W＝一四〇人　P＝一四〇×（〇〇年までの発見遺跡数）×C人　という式から導かれ

る当然の結果である。

実際、「西日本では、その後登録遺跡数が増え……」と記していたように、この間、西日本での発見が際だって多くなっている。この場合、基数一七〇は殆ど変わらないのに、遺跡数（S）が大きくなるから、西日本での人口は増えることになる。

しかし、この拡張性のないプリミティブな式からは、その後、発見されてきた遺跡データを人口推計に反映させることは出来ない。つまり氏の推定値と実数との誤差は、年々拡大の一途をたどっていたのである。

これでは「三内丸山遺跡の人口も二四人」となる

次なる問題点も指摘しなくてはならない。

例えば、板付遺跡からは昭和五十三年（一九七八）、縄文晩期の縄文土器と共に大規模な水田跡が発見された。だが昭和四十九年以後なので、氏の推計からはこのムラの人口が欠落している。菜畑遺跡が発掘されたのは昭和五十五年（一九八〇）頃からであり、ここの人々も欠落している。その後、北部九州で相次いで発見された縄文晩期の遺跡データの全てが欠落している。

昭和五十六〜五十八年に発掘された縄文前期から弥生時代の石川県能都町・間脇遺跡などのデータも反映されていない。即ち、多くの遺跡人口が小山氏の推計には反映されていない。

遺跡数Sだけではない。その後、常識を覆す大規模な縄文・弥生遺跡が次々と発掘されたが、これらの遺跡から推定される人数も反映されていない。
例えば、弥生時代の五〇万㎡に及ぶ大集落、佐賀県の吉野ヶ里遺跡の発掘は、昭和六十一年（一九八六）であるから、この人口が氏の推計から欠落している。

また、弥生時代の遺跡とされる大阪の和泉市を中心とする六〇万㎡の池上・曾根遺跡や三〇万㎡の奈良県の唐古・鍵遺跡、広大な巻向遺跡の人口も五七人となる。

昭和六十一年（一九八六）に発見された縄文早期から弥生に亘る大集落、鹿児島の上野原遺跡の人口も欠落している。

青森の三内丸山遺跡は、昭和四十九年（一九六四）に本格的な発掘が行われ、明らかになったその姿とは、縄文前期後半から中期にわたる一五〇〇年もの間営まれた大規模な縄文遺跡だった。

「縄文のムラの人口はせいぜい三〇人ぐらいという説がこれまで一般的だった。ところが三内丸山遺跡はその巨大さから五〇〇人説を生むに至った。しかし、この遺跡の広さや以降の大きさを目前にすると千人人オーダーの人口を考えることも可能である」(160)（『縄文学への道』）

こう指摘しながら、氏は自らの人口推計を修正しなかった。仮に修正してもこの単純算式に従えば、住民は僅か二四人となるが、この矛盾に気付いていていないようだった。逐一指摘したらきりはないが、今日まで積み上がったこれらのデータが、取りわけ西日本に於いて縄文晩期から弥生時代にかけて発掘された多くのデータが反映されていない。

だが問題点が分かれば解決は容易である。次のように修正すれば信頼性はより高くなる。

【修正計算法】

小山氏の考え方を前提に、関東地方での一九七五年以降に発見された土師期の遺跡数を加えて、新たな遺跡当たり基数（W）を算出する。すると基数は一七〇人以下となる。

この数値を使って一九七四年迄の各期の遺跡数に掛け、人数を修正する（人口が減少する）。それに一九七五年以降に発見された遺跡規模を分類・加算し、従来の常識から外れる大規模遺跡は物件毎の想定人口を加算する。

毎年二千件～一万件とも言われる遺跡が発掘されてきた。

即ち、算定基準となる土師期の（W）と遺跡数（S）が毎年変わるから、表1は「〇〇年版」として定期的に更新すべき性格のものであろう。そして【修正計算法】を用いると、遺跡が増えることで縄文・弥生各期・各地域の人口は実数に向かって収束してゆく。

だが筆者の知る限り、修正値が世に出ることはなかった。それればかりか氏の人口推計を根本から揺るがす新事実が浮上し、この人口推計の根拠は崩れ去ったのである。

分類の基本・遺跡の年代が違っていた

先ず言えるのは、氏の年代区分は大雑把過ぎた。特に縄文晩期を紀元前一〇〇〇年とし、弥生時代を一〇〇年とすると、その間は平安時代から現代に匹敵する一一〇〇年にもなる。

縄文から弥生への移行期である微妙な時代、一一〇〇年間に発見された遺跡をどちらに組み入れるかで判断が変わってしまうからだ。

ある遺跡を縄文晩期に分類すれば縄文中期から晩期への落ち込みがさほどでなかった、或いは、縄文後期から晩期を経て弥生時代まで継続的に人口増加率がプラスだった、との結論になるかも知れない。だが、弥生時代に組み込めば縄文晩期の落ち込みが大きく、弥生時代に向かっての急激な人口増となる。前者か後者かで解釈が変わるから、その間に幾つかのチェックポイントを設けないと人口実態の把握は困難であろう。

また生活空間であるムラは長期に亘り存続する場合が多く、例えば板付などは縄文晩期と弥生の双方に人口を加算する必要がある。遺跡を集め、それらを五期（早期・前期・中期・後期・晩期）に分け、各時代区分に想定人口を当てはめただけでは正しい人口推計に至らない。

例えば、奈良県の弥生時代の大遺跡と信じられていた唐古・鍵遺跡は、実は縄文晩期の紀元前八世紀から弥生中期まで存在していた。鹿児島県上野原遺跡も、約一万四千年前から人々が土器を作って生活をしていた。火山爆発で一時的に消滅することはあったが、人々はこの上に新たに住まいを造り、弥生時代まで生活が営まれていた。

小山氏は「炭素14年代」を「絶対年代」としていたが、これは実年代ではない。従って「較正炭素14年代」を用いて遺跡の実年代を確定する必要がある。尺度が違っていては分類は不正確になるから、氏の言うように、年代区分が「炭素14年代」なら、遺跡の年代も「炭素14年代」で確定しなければならない。だがこのような作業を行った形跡は見あたらない。

次の年代は、各遺跡の開始期年代であり、その後、数百年、遺跡よっては弥生時代以降まで存在していた（『弥生時代の実年代』32-33より抜粋）。

鹿児島県上野原遺跡	1400 -1110 calBC	鹿児島魚見が原遺跡	800 - 510 calBC
佐賀県菜畑遺跡	1050 - 880 calBC	佐賀県東畑瀬遺跡	1120 - 900 calBC
佐賀県梅白遺跡	1310 -1040 calBC	福岡県橋本一丁田	760 - 680 calBC
福岡県板付遺跡	760 - 680 calBC	福岡県雀居遺跡	900 - 790 calBC
高知県居徳遺跡	1310 -1180 calBC	香川県居石遺跡	1380 - 1320 calBC
岡山県南方遺跡	930 - 800 calBC	大阪府瓜生堂遺跡	760 - 670 calBC
大阪市宮ノ下遺跡	840 - 760 calBC	奈良県唐古・鍵遺跡	780 - 510 calBC

そして遺跡が存続していた全ての期間、全ての年代にムラの人口を加算しなくてはならない。遺跡の存続期間は〝点〟ではなく〝線〟なのだ。つまり次なる見直しも求められる。

①縄文晩期から弥生の区分は三期、紀元前千年、前六百年、前二百年、二百年とする。
②遺跡年代確定方法は可能な限り較正炭素14年代を用いる。
③遺跡が長期にわたり存続する場合は各年代に想定人口を加算する。

小山氏の「縄文晩期（紀元前千年）、近畿以西の人口が一万人」なる推算は、実人口から大きく外れているに違いない。専門家の諸先生におかれては、縄文・弥生時代の実態を把握すべく、三五年間の遺跡発掘データを生かし、人口推計を見直されることを切望する次第である。

仮説に過ぎない・全く別の数字に変わる可能性もある

実はここで逐一指摘するまでもなく、氏自らこの人口推計の問題点を自覚していた。当時から様々な質問や批判があり、困惑していたようだった。

「これまでに述べた縄文人口は、一九七五年までに集めた資料に基づいた推計で、一九七八年に国立民族学博物館の英文紀要（Senri Ethnological Studies 2）に発表したものである。

英文で書かれた論文であったにも拘わらず、朝日新聞に紹介されたため、思いがけず大きな反響を呼び、考古学、民族学、形質人類学、歴史学を始め小学校の学習誌にまで引用された。弥生の人口は縄文との比較のために副産物的に算出したもので、精緻を極める邪馬台国学者の質問に答える用意がなく、まごつくばかりであった」（35-36）（『縄文時代』）

また専門家に指摘され、回答困難な問題点もあったことを記していた。

「考古学者からの批判の中で最も多かったものに〝縄文時代の各時期には定住性の差がかなりある（例えば早期は小さな遺跡が短期間の内に数多く造られたのに対して、中期は大遺跡が長い期間にわたって造られた）、それなのにどんな遺跡にも均等な人口数を与えることが果たして正しいかどうか〟という問題があった。これは当然の批判で、資料的制約以外に満足に説明しきれるものではないが（中略）一遺跡の持つ価値は、その遺跡を残した社会の定住性とか規模の大小を無視して良いほどの重みを持つものだといって良いだろう」（37）（前掲書）

氏の人口推計によると、三内丸山遺跡の人口が二四人、吉野ヶ里遺跡の人口が五七人。この推算に納得する人はいない。次いで氏は次のように記していた。

「ここに算出した縄文人口は、既存資料の持つ時間的、地域的な粗さに対応した構成を持ったもので、実数ではなく、縄文時代の文化や社会を復元し、説明するための仮説に過ぎない。従って将来の調査の結果によっては修正があり、全く別の数値に変わる可能性をも持っていることは理解して頂きたいと思う」(39)(前掲書)

氏がこの人口推計を世に出したのが一九七八年、その六年後の『縄文時代』に於いてこう述べたのだから、新たなデータを加えて修正を行ったと思いきや、修正値は見当たらなかった。二〇年後の『縄文学への道』でも人口推計はそのまま放置されていた。

そして三五年が過ぎた今日(平成二十二年)まで、修正人口推計が世に出たとは聞いていない。これでは縄文・弥生時代の実像は歪められ、あらぬ方向へとねじ曲げられてしまうのではないか。旧聞に属するが、次にその実例を紹介する。

第六章

机上の空論・埴原和郎氏の「二重構造モデル」

最初はアイヌ・琉球人・倭人・同系論だった

日本人のルーツを論ずるには、埴原和郎の「二重構造論」を避けて通れない。ここでは『日本人の起源〈増補〉』（埴原和郎編　朝日選書一九九四）を参考に、その流れを追ってみたい。同書によると氏は、各時代のヒトの頭蓋骨を測定した結果を基に次のように述べていた。

「これらの結果を見ると、港川人から現代日本人に至るまで、ほぼ一貫した小進化と考えても良いだろう。ただ、アジア大陸の東端に位置する日本には、常に渡来人がやって来たと考えられるので、実際には問題はそれほど簡単ではない。旧石器人すべてが、そのまま縄文人に繋がるとは断定できないものの、少なくとも両者の間には、集団としての連続性があったと見て良いだろう」(112)

埴原氏の師は人類学の泰斗、鈴木尚・東京大学教授だった。鈴木氏は関東地方の縄文時代から現代までの人骨研究の結果、頭骨を含む全身骨格が「別人種ではないか」と思われるほど変容してきたことを明らかにした（『骨から見た日本人のルーツ』岩波新書一九八三）。同じ関東人であっても時代によって、鼻が低くなったり（古墳時代）高くなったり（縄文時代及び江戸時代以降）、背が低くなったり（古墳時代から江戸末期）高くなったり（弥生時代及び明治以降）、頭が長くなったり（弥生時代から鎌倉時代）短くなったり（縄文時代及び室町時代から現代まで）して

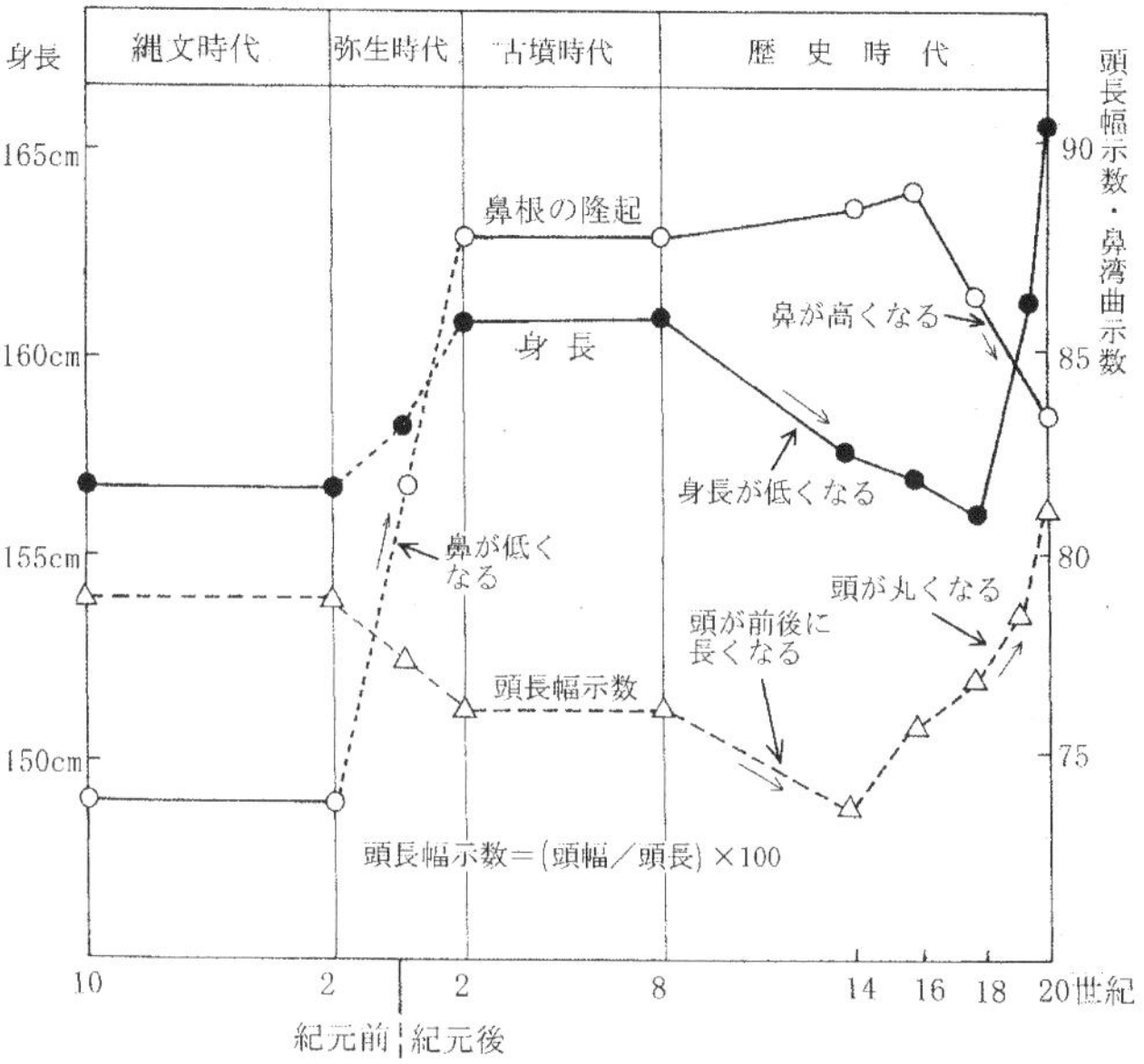

図－10　縄文時代から現代に至る日本人の骨の変化（「骨から見た日本人のルーツ」を改変）　日本人の骨は縄文時代以来大きく変化してきたことが実証されている。縄文から弥生と明治以降の変化が著しいのは、食生活を中心とした生活環境の激変によると考えられる。尚、稲作の開始が紀元前十世紀にまで遡ることで、縄文から弥生にかけての形質変化はより緩慢なものとなるが、ここでは敢えて手を加えなかった。

きた。（図―10）

明治以降の骨の変化も著しく、この間、西洋人の遺伝子が入って来なかったのに、僅か一五〇年で身長が十センチも伸びていた。弥生人は長身とされたが、縄文時代とは千年オーダーの時間差があったのに、わずか五センチ程度伸びたに過ぎなかったから、この変化は、明治以降の変化に比べれば大騒ぎする程のことではなかった。

氏は、頭骨が食べ物によって著しく変わって行くことも実証した（図―11）。

特に将軍家の顔は現代人をも大きく凌ぐ細長さであった。それは遺伝や渡来人との混血ではなく、食物の変化による咀嚼力の軽減が顔面骨格の変化を促したと考えるしかなく、骨がこのことを裏付けていた。更に、縄文時代の骨の変化は僅少であり、それが弥生時代の開始時期から急激に変化したのは、食生活の変化が大きかったからだ、とした。これらのデータを根拠に、鈴木氏は日本人はほぼ同質の集団と考えたのである。

だが埴原氏は考古学的・人類学的根拠を示すことなくその時代を次のように思い描いた。


「弥生時代の文化移入と、明治以降の文化移入とを同じように考えて良いのだろうか。この状況を考えれば、渡来者の数は相当に多かったに違いない、という推定が生まれる。

鈴木尚氏の説をとる限り、文化だけが大陸から日本に入り、人間は殆ど入ってこなかったということになる。繰り返すが、近代ならばそのようなこともあったろうが、弥生時代に、

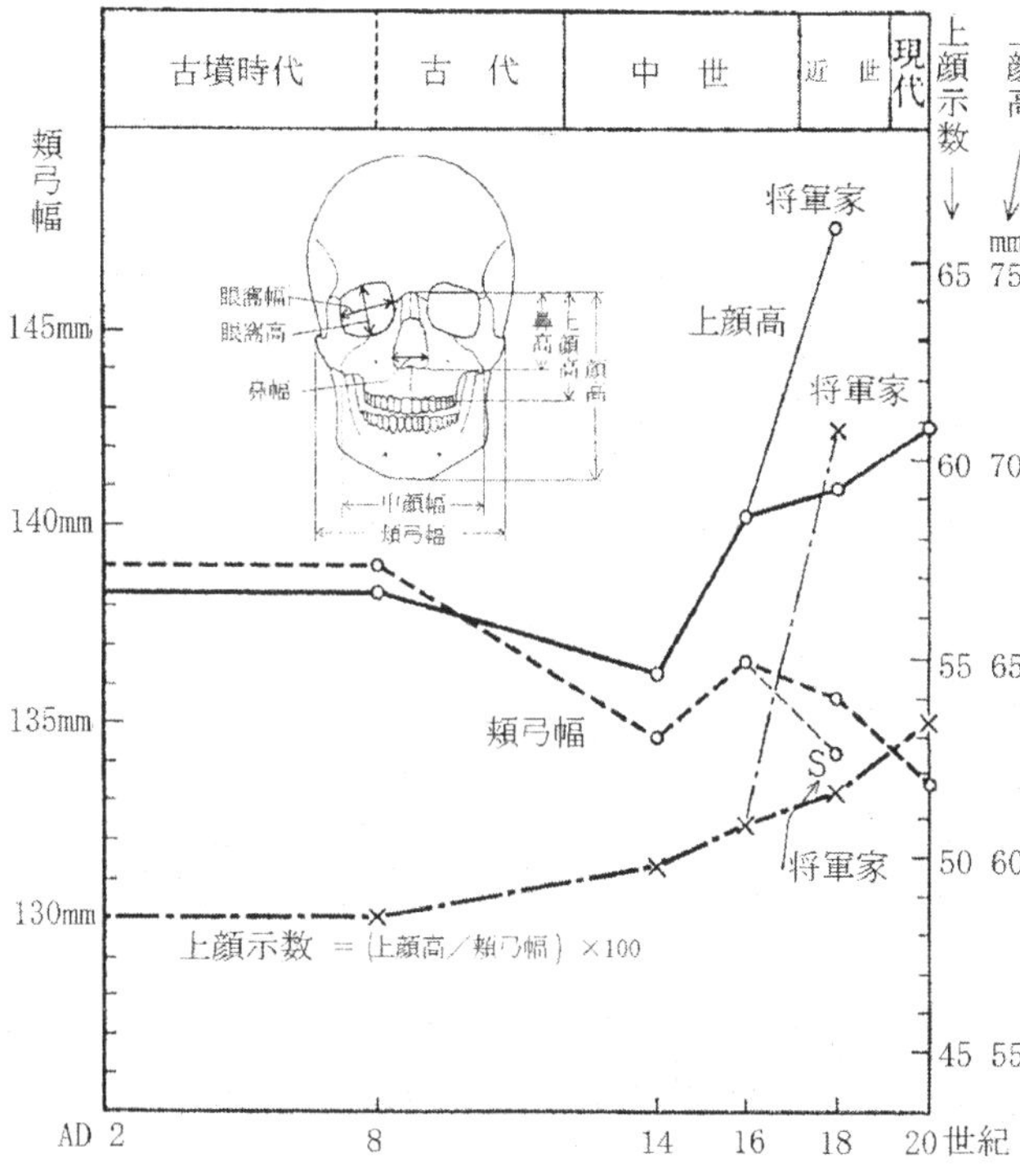

図－11　弥生後期から現代に至る日本人の顔の変化(「骨から見た日本人のルーツ」を改変)　日本人の頭骨は縄文時代以来大きく変化してきた。私たちの顔面形態も食べ物により変るのである。

このような近代的文化交流があったとは到底考えられないのである」(189)(前掲書)

根拠を提示しないまま、「違いない」→「推定が生まれる」→「到底考えられない」→から「正解に至れる」のなら気楽なものである。次いで、次のように述べていた。

「私自身のデータを含めて、やはりアイヌと琉球人には共通する特徴が多いのである。例えば歯の形態や頭骨の形態について、多変量解析を行うと、この両者は必ずと言って良いほど高い類似性を示し、しかも縄文的伝統を残していることが分かる」(212)(前掲書)

この記述は正しいとはいえない。先の松村氏の「歯」の研究からは、琉球人は渡来系が多く、アイヌは縄文系が多かったからだ。つまり「歯」から導かれた結論と「頭骨」からの結論は食い違っていた。それでも氏は明治初期の論と比べながら、次のように結論付けていた。

「おそらくシーボルトは、アイヌ・琉球グループは、倭人とは違う人種と考えていたと思われる。しかしアイヌ・琉球人同系論そのものは正しいと考えざるを得ないのである。私たちの考えがシーボルト父子と異なるのは、アイヌ・琉球人・倭人同系論に立っていることなのである。(中略)アイヌと琉球人とは日本列島の両端に住んでいたからこそ、互いの類似性を維持してきたと考えられるのである。その類似性の起源こそ縄文人にまで溯れると言わざるを得まい」(212)(前掲書)

何はともあれ、氏はこの時点で「アイヌ・琉球人・倭人同系論」に立っていた。それらの違いは小進化と地域差に拠るとし、彼らの共通先祖は縄文時代の人たちとしていたのである。

「百万人渡来説」という砂上の楼閣

埴原氏が「日本人のルーツは縄文人」なる考えを翻す切掛けとなったのが、小山氏の人口推計グラフだった。小山氏は、氏がこのグラフを見たときの反応を次のように語っていた。(図—12)

「正直言いますと、計算した当初は、私自

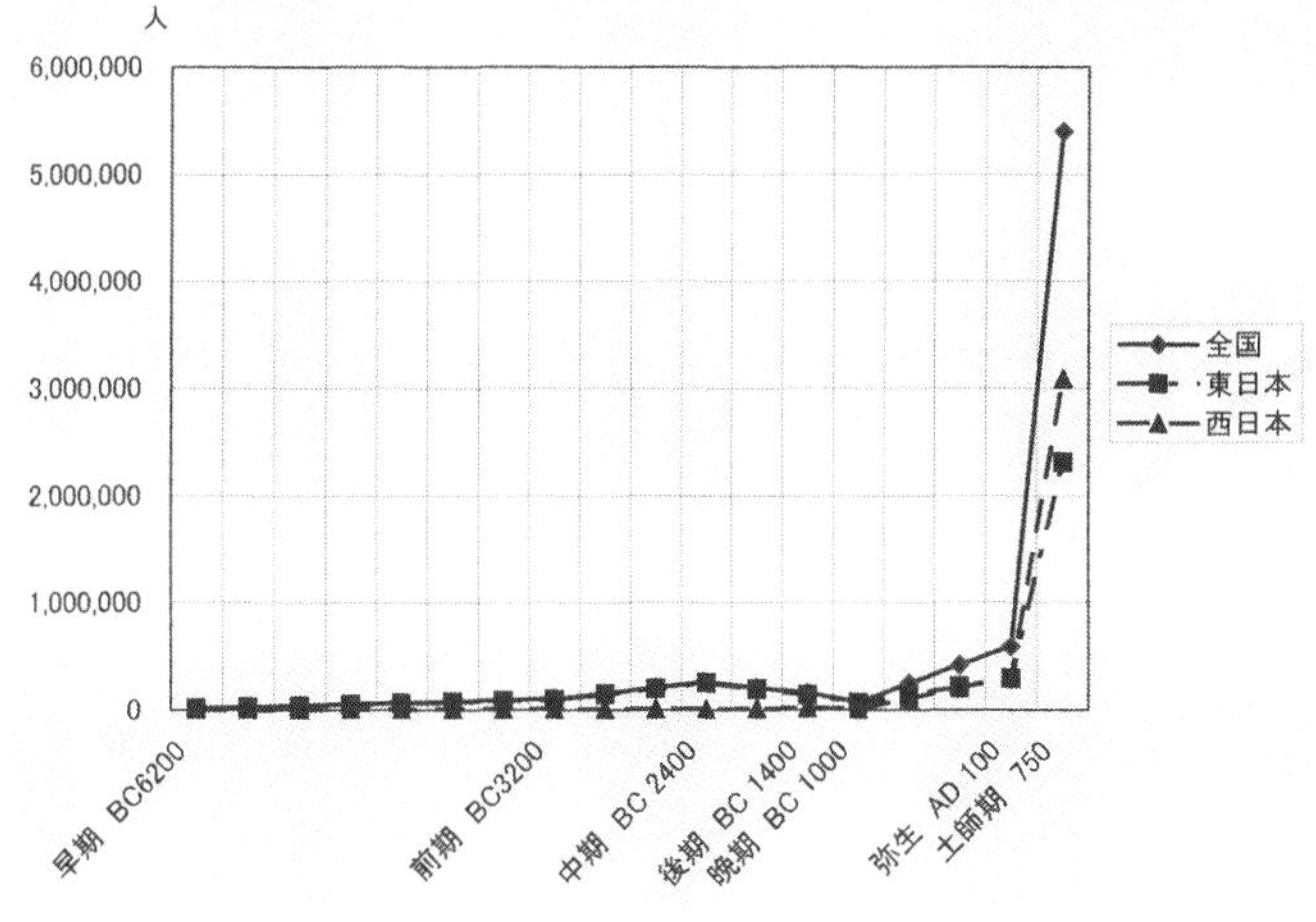

図－12　縄文早期から土師期に至る人口推移(「縄文時代」よりグラフ化)　弥生期(100 年)以降の人口増加が著しいことが分かる。

身、外からの人の流れは余り考えず、単に稲作が始まった影響かと思ったのです。だけど、埴原さんは、この伸び率は異常に高いぞ、と言われましてね。大勢の渡来人が来た、と考えられたわけです」(141)(『私たちはどこから来たのか』毎日新聞社隈元浩彦一九八九)

氏が「異常に高い」としたのは、人口が〇・三四%で急上昇する弥生時代から奈良時代に至る期間だったと思われる(図―13)。そして平成二年(一九九〇)、埴原氏は日本人形成史の仮説、「二重構造モデル」を学会に提出したその骨格とは次のようなものだった。

「おそらく旧石器時代以来、日本列島に住むようになった東南アジア系集団と、主として弥生時代以後に渡来したアジア系集団との混合によって日本人集団が形成された」(216)(『日本人の起源〈増補〉』)

この論は、明治以来言い古されてきた混合論だったが、東南アジア系集団に特定したことは誤りだったことが、DNA研究から明らかになっている。更に次のように話しを進めた。

「弥生時代以後に大陸からもたらされた高度な文化が、その後の日本文化に大きく影響したことについては、研究者の間に殆ど異論がない(中略)。しかし渡来者の遺伝的影響につい

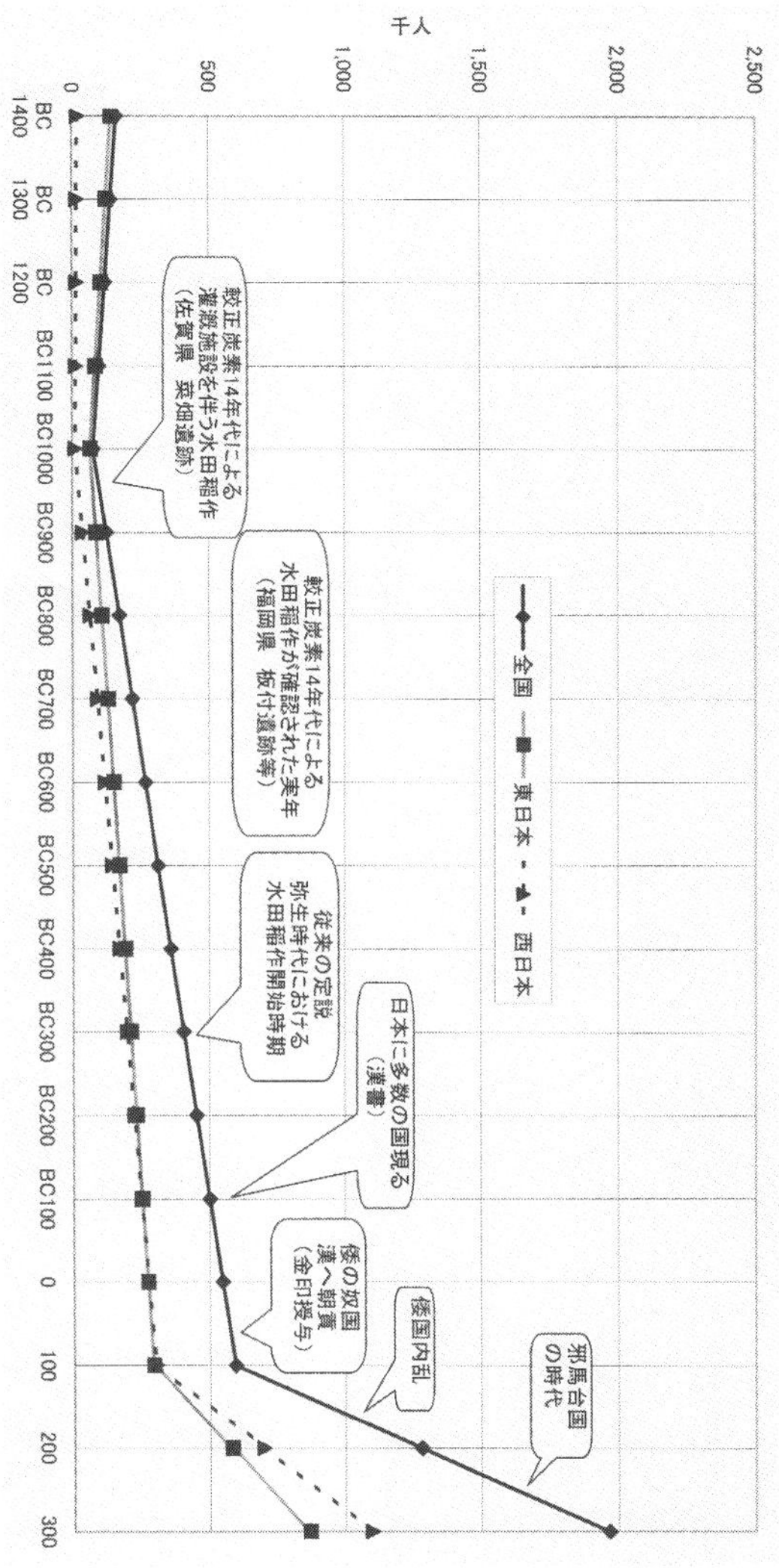

図−13　縄文後期から弥生時代に至る人口推移（「縄文時代」の人口推移に加筆）
小山氏は縄文晩期とは紀元前千年であり、弥生時代とは百年としていた。

ては様々な考え方があり、一九八三年頃の有力な説では、その影響は殆ど無視出来る程度に過ぎないということになっていた。ところが骨・歯・遺伝子などのデータが集まり、その分析が進むにつれて、渡来者の遺伝的影響は無視出来るどころか、極めて大きいと考えざるを得ないような結果が出てきたのである」(217)(前掲書)

ここに至り、氏は鈴木尚氏の実証研究を否定し、後述する骨・歯・遺伝子からの結論を信じ、関東縄文人と北部九州弥生人の骨格差を「渡来者の遺伝的影響」とした。

「そこで、実際に日本にやって来た渡来者の数を知ることが、日本人を考える上で重要な問題として浮かび上がってくる。だがこの種の研究は、本文でも述べたように至難のわざである。何故なら文献から渡来者の数を読み取ることは殆ど不可能だからだ」(216)(前掲書)

先史時代は、文献ではなく、考古学や人類学、分子人類学などから解明するしかない。北部九州の考古学者は、長年に亘る地道な発掘調査から「渡来人は僅かであった」と確信していた。これを受けて戸沢氏も「パラパラと年に二―三家族程度」としたのだった。

だが氏は、「そこで考えられる方法は、やはり一種のシミュレーションを行うことしかない」として机上計算から真実に迫れると考えた。つまり小山氏の人口推計を頼りに、「人口増加モデル」

なるものを組み立てたのである。

「縄文時代中期の人口は約二十六万人だったが後期になると約十六万人、晩期には約七万五千人と激減した。（中略）処が弥生時代になると人口は急激な増加に転じる。（中略）弥生時代の全人口は六十万人、古墳時代には五百四十万人になったと推定される」（218）（前掲書）

小山氏が「単なる仮説に過ぎない」という人口推計グラフを信じ、「単なる仮説」の上に「仮説」を構築し、別世界へと迷い込んでいったのである。

これが「百万人渡来説」の計算手順だ

埴原氏は、小山氏の論に依拠しながら縄文晩期から土師期までの年数を大幅に改変、或いは誤認した。これは理工系研究者なら致命傷、絶対にやってはいけないことだった。

「縄文時代末期から古墳時代にいたる千年足らずの間に、七万五千人から五百四十万人に増加したとすれば、その年増加率は〇・四％以上となり、この時代としては異常な高率と考えざるを得ない」（218）（『日本人の起源〈増補〉』）

埴原氏の理解と小山氏の人口推計との相違点は次の通りである。

第一に、小山氏は縄文〝末期〟の人口を七万五千人とは言っていない。それは縄文〝晩期〟＝紀元前一〇〇〇年の人口である。

第二に、五四〇万人になったのは古墳時代ではない。奈良時代の七五〇年頃である。

第三に、従って、七万五千人から五四〇万人に増加した期間は千年足らずではなく、一七五〇年間、喩えれば、〝卑弥呼の時代から平成〟に相当する期間である。

第四に、小山氏の人口増加率は縄文晩期から弥生時代までは〇・一九％、弥生時代から土師期までは〇・三四％である。

氏は時代間隔を七五〇年も短縮し、「千年間に人口が七万五千人から五四〇万人に増加した、この間の人口増加率は〇・四％以上（筆者の計算では〇・四三％）だった」と驚いて見せた。その上で、「小山氏の推定がほぼ正しいと見る限り、人口増加率が斯くも高いのは何か特殊な原因があったからだと想像される」とした。つまり小山氏の用いた数値を変え、この時代の異常な人口増は自然増ではなく、大量の渡来があったからだ、と考えるに至ったと思われる。次いでこの人口増加率、〇・四％の異常なる所以を強調した。

「例えば、C・マッケヴェディとR・ジョーンズによると、ヨーロッパ、アフリカ、アジア、アメリカの様々な地域で推定した結果、平均して〇・〇四％という値がえられている。この中で最高値を示すイングランドでも約〇・一％で〇・四％という日本の数値は異常に高い」(220)(前掲書)

これらを根拠に氏は、縄文末期から古墳時代までの縄文系人口増加率を〇・二％と決めた。次いで特殊要因を「弥生時代以後に次から次へと渡来者がやってきたとすれば……」として組み立てた氏の計算モデルは次のような単純なものだった。

〇・二％の人口増加率を保ったまま、千年後の古墳時代になると、縄文系人口は七・三七倍の五五万九千人（75,800×7.37=559,000）となり、氏の言う古墳時代の全人口の約一〇％を占めることになる。すると古墳時代の実人口と、この時代の縄文人人口との差が渡来人とその子孫の数になると氏は想定した。それは約四八四万人（5,400,000-559,000=4,841,000）であり、全人口の約九〇％を占めることになる。

そして「毎年やって来た渡来人も、縄文人と同じく年〇・二％で増加する」としたので、千年間の増加率の合計値(3,200倍)で渡来人数(4,841,000)を割ると、千年間の平均渡来人数(1,513人／年)が得られる。これが渡来人数を毎年一五〇〇人とした根拠と思われる。(図―14)

仮に氏が計算に載せていないイングランドの最高値、〇・一％の増加率を用いると、渡来系が九六％、縄文系の人口比率が四％になる(これで〇・二％を「やや高め」とした理由が分かった)。これでは縄文系絶滅になってしまうので、例えば縄文系が一〇％となるよう、やや高めな人口増加率、〇・二％を用いた。これが世に言う埴原氏の「百万人渡来説」だった。

匙加減でどうにでもなる「二重構造モデル」

このようにして算出した結果を見て、氏は次のように述べていた。

「これは驚くべき数字である。計

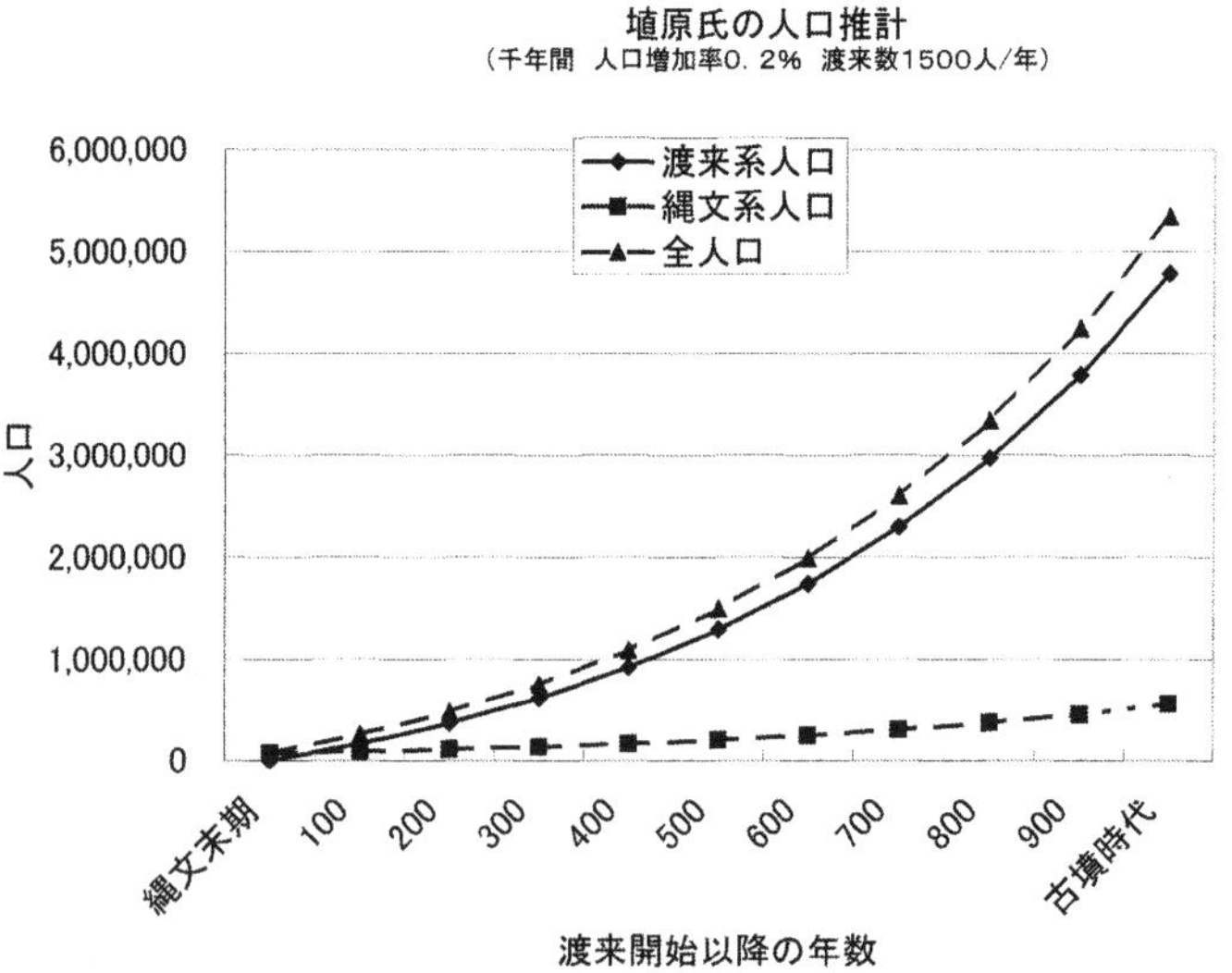

図－14　埴原和郎氏による人口推移　人口増加率は渡来系・縄文系とも 0.2％で同率、渡来人は千年間で 150 万人＝1500 人/年の渡来とした。小山氏の人口増加曲線とは全く別の形状になっている。

算した私自身が驚いたくらいだから、この結果を論文で読んだ人はもっと驚いたに違いない。表の中で渡来者数が最も多くなる推定では、千年間の渡来人口が約百五十万、七世紀初めの時期での縄文系と渡来系の人口割合は一対八・六となる。（中略）渡来の影響は無視出来る程度どころではないことになる」(221)（前掲書）

この計算式から導かれた結果に驚く氏を見て、筆者も大いに驚かされた。この計算結果の何処に学問的信憑性があるのか分からないからだ。

例えば、人口増加率を〇・三%とすれば、千年後、縄文系二八%、渡来系七二%となる。〇・四%とすれば、千年後、縄文系七六%、渡来系二四%と逆転する。〇・五%とすれば千年後の縄文人の人口は一一〇〇万人を上回り、渡来人ゼロでも、五七〇万人以上の縄文人が朝鮮半島や大陸に進出したことになる。

つまり埴原氏の「百万人渡来説」とは、日本から朝鮮半島やシナ大陸への渡来の話しとなってしまう。このように氏のシミュレーションとは、人口増加率を操作すればどうにでもなる代物だった（図―15）。

当時からこのような批判が有ったのかは知る由もないが、氏は次のように弁明していた。

「私がこのシミュレーションを行った理由は渡来者の数そのものを知るためではなく、渡来者の影響を〝無視出来る程度〞の一言で片付けようとする学会の傾向に対して、何らかの客観的な判断基準を示めそうとしたからに他ならない」(222)(前掲書)

だが、「数値で表せば客観的な判断基準になる」わけではない。考古学的裏付けゼロで、人口増加率を少し変えれば答はどうにでも動くような計算に、客観性などあろうはずがない。

また氏は、「シミュレーション」の意味も誤認していた。これは「模擬実験」を意味し、その結果を何等かの方法で検証する必要がある。根拠ゼロの上、基数の匙加減で結果が

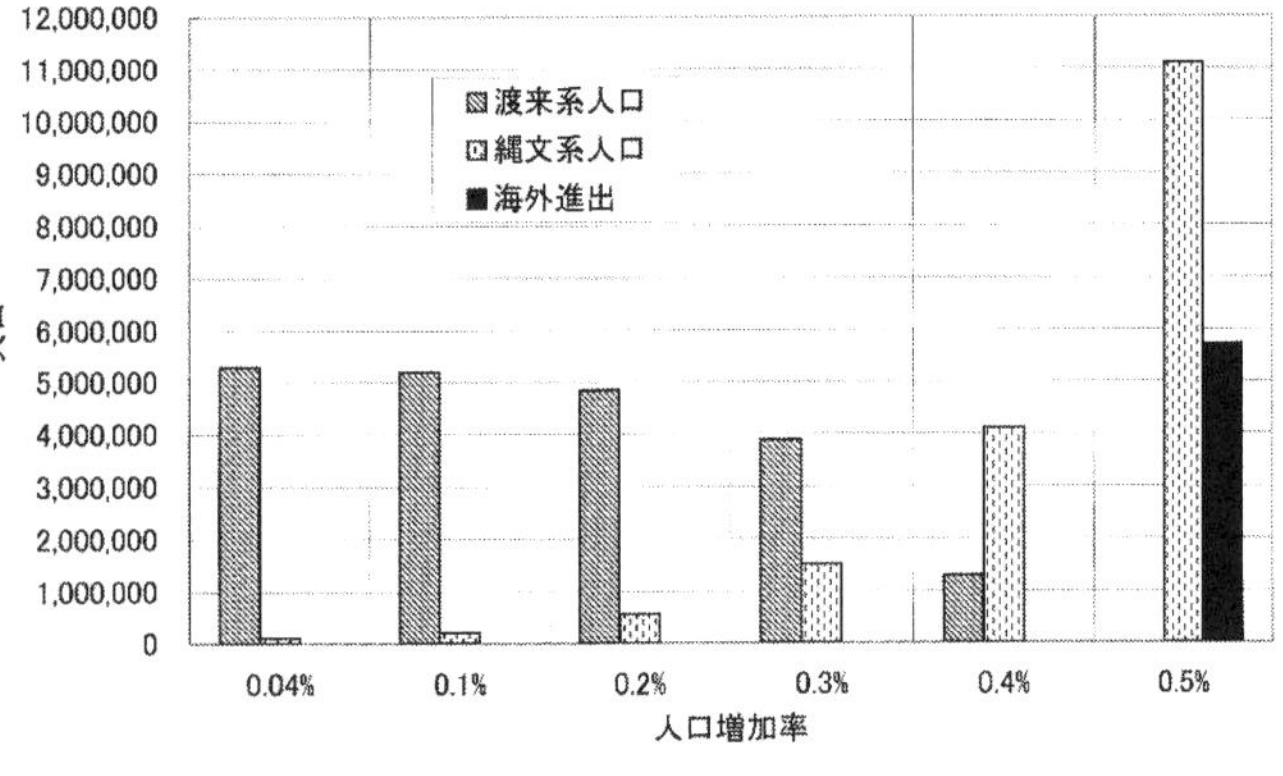

図－15　人口増加率別　人口推計（埴原氏の「二重構造論」による）　縄文末期から古墳時代までの1000年間の人口増加率を変えることでどの様にもなる。人口増加率0.04%では、渡来系が99%以上、0.1%では96%以上、0.2%では渡来人は年平均1500人、千年後は渡来系が90%を占める。0.4%では渡来系は減少し、千年後は逆に縄文系が75%以上を占める。0.5%では、渡来人がゼロでも千年間に570万人の日本人が大陸へ進出したことになる。

どうにでもなり、検証不能なものは単なる「数遊び」、精々「試算」止まりである。

「一九八七年にこの論文を公表して以来、〝埴原の百万人渡来説〟と呼ばれて数字だけが一人歩きし始め、いろいろな批判が寄せられた。批判されることは有難いのだが、この研究の目的を誤解し、その一部だけが批判の対象にされることは心外である。特に一部の高名な考古学者たちが原論文をほとんど読みもせず、単に〝百万人〟という数字にこだわって批判らしきことを言っているのは研究者の態度として理解に苦しむところである」(222)(前掲書)

これが論文批判に対する氏の反応だったが、この机上計算を根拠に、氏は、「日本人の祖先は縄文人」なる見解を変えた。

「いずれにしても、弥生時代以後に日本に入ってきた渡来者数は、今まで想像されていたより遙かに多く、土着の縄文系集団に与えた影響はきわめて強かったと考えざるを得ない。〝渡来人の影響は無視できる程度〟と言っていた嘗ての説は、日本人単一民族説の文脈で考えられた先入観に過ぎなかったとも言えるだろう」(225)(前掲書)

仮に、〇・二％のまま小山氏の論に従い、一七五〇年後の奈良時代人口を「試算」すると、渡来系が二四〇〇万人、縄文系が二五〇万人、合計二六五〇万人になり、奈良時代の推定人口の五倍を超える。つまり〇・二%の人口増加率すら過大ということが理解されよう。

後ほど、中橋氏の採用した桁違いの人口増加率がもたらす人口増加の凄まじさを紹介するが、ここでは埴原氏と中橋氏の人口増加率と比べておく。

埴原氏……縄文系—〇・二%　渡来系—〇・二%
中橋氏……縄文系—〇・一%　渡来系—二・九%〜三・〇%

同地域の同時代を対象としながら、この桁違いの数値がまかり通っているということは、数値の妥当性など無関心で、「日本人の主な祖先は渡来人なのだ」との結論に至るなら、人口増加率や時代間隔をどの様に操作しても何ら気にならないとお見受けした。

このような人の判断を狂わせる「誤や偽」は百害あって一利なし。その証拠に、今度は彼らの影響を受けておかしなことを言い出す学者が登場したのである。

根拠なき推論・縄文人の激減は結核が原因

鈴木隆雄氏による『骨から見た日本人古病理学が語る歴史』（講談社選書メチエ一九九八）を読んでみた。これは『日本人のルーツ』【縄文人は新顔の「感染症」によって壊滅的な打撃を受けていた！】（一九九八）とほぼ同じなので、特記無い限り後者を参考に氏の論をトレースしたい。

氏は先ず結核に注目し、それが本土へ持ち込まれた時期について述べていた。


「結核によって特有な壊れ方をした骨は、日本の古代を遡っても、これまで確実なものは五、六例しか発見されていない。それも、すべて古墳時代以後のものである。

私が研究した限りでは縄文時代に結核は存在していない。弥生人の骨からも結核の報告は出ていない。（中略）それ以前の縄文時代は、一万数千年という非常に長い時代で、人骨の保存も良く、なおかつ多くの研究者が注目しているにも拘わらず、不思議なことに典型的な結核の跡を示す人骨は一例も発見されていない。

こうしたことから結核が流行するための条件を考えてみると、縄文時代には、まだ結核はなく、弥生時代から古墳時代にかけて大量に渡来した人々が、初めて日本列島に結核を持ち込んだ可能性が強い」（133-134）（前掲書）

「弥生時代から古墳時代にかけて」というと、それは卑弥呼の時代に重なる。『魏志倭人伝』にこの時代の日本の様子が書かれているが、そこには「大量に渡来した人々」が日本にいたと読むことが出来ない。これは筆者の判断だけではなく、津田左右吉もそう読んでいた。日本に「異民族は存在していなかった、異なる民族間の争いはなかった」としていた。

だが鈴木氏の信じた、「弥生時代に多くの渡来人がやって来た」が以後の推論を狂わせていった。即ち、自らの研究と相反するのに、弥生時代に持ち込まれた結核により縄文時代の人たちはバタバタと死んでいったとしたのである。

「縄文人たちは、かつて結核とコンタクトしたことがなく、この日本列島という非常に孤立した場所で、結核に対する免疫力なしで生きてきた。そんな処へ結核が持ち込まれたのだった。元々結核に免疫性のない集団が、結核菌を持った集団に出会ったとしたら、前者はたちどころに結核にやられてしまい、多数の死者が出たはずである。結核の症状も急速に進展して、その痕跡を殆ど骨に残すことなく、（中略）短期間に死んでいったことだろう」(136)（前掲書）

つまり「はずである」「ことだろう」だけだった。

氏は、縄文時代から、多くの人たちが日本から半島へと進出し、その行動範囲は大陸まで及んでいた可能性もあることを知らなかったのではないか。知っていれば、縄文・弥生時代の人たちの行動範囲を「日本列島という非常に孤立した場所」と表現出来ないからだ。

では氏の判断の拠とは何か、と思ったら、意外にもそれは専門外の分野だった。

「縄文人の顔と古墳時代の人々の顔が明白に異なる点である。古墳時代の人々の顔は、七割以上が渡来系の顔である。顔だけでなく、体つきや体質も、当然変わっていったものと考えられる。これは何等かの理由で縄文人の形質が非常に残りづらかったことを示している。(中略)そして本来均質だった縄文人たちは、やってきた渡来人と出会うことで事実上消滅し、地理的なバリアーによって北海道と沖縄に孤立したかたちで残っていったと考えられる」(136)(前掲書)

後述するように、形態人類学者・中橋孝博九州大学教授は、〝古墳時代に残る弥生型頭蓋骨は二〇%〟としていたから、鈴木氏の「七割以上が渡来系の顔である」の根拠は何処にあったのかは分からない。それより理解困難なのは、普通の研究者は、自らの研究を「正」とし相反する他の研究を「誤」として議論を戦わせる。つまり「縄文や弥生時代には結核はなかった。だからこの時代、結核が原因で人口減が起きたとは考えられない」と主張するのではないか。だが氏は、根拠を示さぬまま「縄文人の顔と古墳時代の人々の顔」の違いを判断基準として、自らの研究を「誤」とし、相反する他の研究を「正」とした。これでは氏の専門分野に、どのような価値と意味があるのだろうか。

不可解な「百万人渡来説」への迎合

鈴木氏は、小山氏の人口論も拠の一つとしていた。

「小山修三さんが、一万年以上に及ぶ縄文時代の人口の推移を遺跡の数などから算出している。縄文中期に一時的に人口が増加するが、晩期にはむしろ激減してしまう。それは何を意味するかといえば、おそらく何かのカタストロフィが起きたに違いない。縄文晩期の人口は七五八〇〇人、弥生期に入ると五九万四九〇〇人と急激に増加しているが、これはどう見ても渡来系弥生人と先住系縄文人の間に、入替に等しい急激な変化があったとしか思えない。考古学的にも、大量の殺害を示す証拠はない。おそらく何等かの感染症が入ってきた可能性が高い」(139)(『日本人のルーツ』)

氏は小山氏の人口推計を誤認していた。小山氏の人口推計では、人口が激減するのは縄文晩期ではなく縄文中期・紀元前二四〇〇年前からだった。この少し前に大量の渡来人がやって来て、彼らが持ち込んだ病原菌によりカタストロフィが起きたというのなら、何等かの考古学的証拠があって良さそうなものだが、それは見当たらない。

「最近この論争の中で、埴原和郎は小山修三の提示した縄文晩期から弥生時代および土師器時代に至る人口推定値を基礎としてコンピューター・シミュレーションを行い、当該時期の人口急増の解析と骨格形態の二つの方向から渡来人の影響の大きさを推定した。……その結果、渡来者の人数の推定値では、(中略)約千年の間に百万人以上も渡来者が日本列島に入ってきた可能性を指摘している。渡来者の推定値がこれまでの予想よりかなり大きな一〇〇万人規模という点で、埴原は論文の本意として、〝計算結果である数値そのものではなく、渡来者の数は従来の想像を遙かに超えるほど多かった〟ということであると述べている。

しかし筆者はこの縄文晩期から弥生時代を経て古墳時代に至る千年間に仮に百万人の渡来者、即ち一年間で約千人があったとしても、何ら不思議はないと考えている」(160)（『骨から見た日本人』）

鈴木氏は「渡来人の痕跡はわずか」という考古学的事実を無視、或いは知らなかった。また、小山氏の論に依るなら、「縄文晩期から弥生時代を経て古墳時代に至る千年間」も正しくない。つまり鈴木氏は、埴原氏の論の基となった小山氏の論文を読解していなかった。

その上で次のように話しを進めた。


「時として多量の人口減少を招く疾病の流行や、農業開始時のアメリカインディアンで示される非常に高い乳幼児死亡率、（中略）当時では人口増加に対してマイナスの要因は多々存在していたはずである。特に未開社会での感染症の流行、たとえば麻疹《はしか》、天然痘そして結核などは大きな人口減少をもたらすことはよく知られた事実である。

小山の推定によっても示される、そのような状況下での急激な人口増加は、換言すれば大きな人口減少を補って余りある大きな人的補給なしには、説明がつきにくいと考えられるのである」(161)(『日本人のルーツ』)

氏は、小山氏が、弥生時代から古墳時代の人口増加率が〇・三四％としたのは、疫病で絶滅した縄文人を補って余りある渡来人が日本へとやって来たからだとした。つまり、埴原氏の論文も理解しないまま、根拠を示すことなく、人々がバタバタと死んでいる土地へ、その人口減を補って余りある膨大な人々が海を渡ってやって来たと決めつけていた。

だが埴原氏はそんな前提で計算していない。論文を読めば分かるとおり、縄文系もコンスタントに「〇・二％で人口増加を続けた」としたのだ。

氏は、考古学から導かれる結論、渡来者は「年に二〜三家族だった」を覆す証拠を提示することなく、単に「考えられる」で済ましていたが、これは学問とは言えないのではないか。

他人の論文精査はタブーなのか

鈴木氏の想定とは裏腹に、小山氏は、縄文時代の人たちが絶滅したとは考えていなかった。次の一文がそれを表している。

「縄文人は従来の森林経済の持つ生産力の低さと不安定さに代わるものとして稲作を受け入れたのであろう。そして、稲作の安定度と生産力の高さが社会そのものを内から大きく変えてゆくことになる」(197)(『縄文時代』)

「縄文人は……稲作を受け入れ……内から大きく変えてゆく」と記していたからだ。では鈴木氏は、何故自らの研究結果に反する他の学者の論に惑わされたのか。「縄文時代に結核は存在していない。弥生人の骨からも結核の報告は出ていない」、従って「縄文・弥生時代に疫病が流入し、流行したとは考えられない」と言えなかったのか。

それはおそらく、小山氏が『日本人のルーツ』のサブタイトル【縄文晩期の人口の減少、弥生期の人口大爆発は何を意味するのか?】での一文にあったのではないか。

「縄文時代を五つに区切って算出すると、縄文前期から中期にかけて急激に増加してピークに達するが、後期から晩期にかけて激減する。そして弥生時代になって再び立上るという波が出てきた」(121)(『日本人のルーツ』)

この言いようの問題点は、縄文晩期から弥生時代に至る一一〇〇年間の人口増加に触れることなく欠落させ、いきなり弥生時代以降の人口増加に言及した点である。

つまり私たちの固定観念からすると、弥生時代の始まり（紀元前三〇〇年）と縄文晩期とが重なる恐れが多分にある。この書きようからは、両期の間には一一〇〇年もの開きがあることに気がつかない可能性がある。

「紀元前千年の縄文晩期から百年の弥生時代に向かって再び立ち上がる。そして弥生時代からは激増する」と明記しなかった故に、この文からは、「縄文晩期＝弥生時代の開始期から人口が再び増え始める」と誤読する可能性が高いということだ。この「部分欠落」が多くの人々の判断を狂わせたのではないか。

理解困難なのは、小山氏が「単なる仮定」「全く別の数字になる」とし、その根拠も「数十年前のデータ」から得られた人口推計だったのに、それに依拠した学者の方々が氏の人口推計に疑問を差し挟まなかったことだ。

更に、小山氏の論の数値を適当に改変しながら展開した埴原氏の『百万人渡来説』も、誰も検討した様子が見当たらなかった。鈴木氏も、他人の研究結果を信じ、自らの研究結果と矛盾するのに、その拠を明記することなく「日本人の祖先は渡来人だ」なる結論を出していた。

筆者の経験からは、他人の論文を拠に持論を述べる場合、依拠する論文を精査することから始めるのが常識と思っていたが、考古学界ではどの学者も関連論文の精査を行わず、単に結論だけを鵜呑みにしていたことを知り、理系世界との違いに驚かされた。

これでお終いかと思ったら、小山、埴原、鈴木、三氏の影響を受け、それら全てを肯定した「論」

が登場したのである。

「誤」→「偽」→「愚」から真実へ

『人口から読む日本の歴史』（鬼頭宏　講談社学術文庫二〇〇〇）は、縄文・弥生時代をどのように認識しているのか、新たな知見が得られるのか、を知るために読んでみることにした。

だが期待に反し、そこでは小山氏の人口推計をそのまま引用していた。

それればかりか「紀元前三世紀頃九州北部に新しい文化がおこり……」とし、「稲作農耕の受容とそれに基づく国家形成が転換の内容である」（47）としていた。菜畑遺跡が発掘されて二〇年過ぎても、水田稲作の開始時期をこのように認識しているとは思いもよらなかった。

更に、「同時に〝文明化〟は人口学的側面に於いても一つの時代を画することになった」（47）とあったが、紀元前三世紀頃を堺に、人口増加に転じたというデータは見当らない。この時代、小山氏の人口推計は相変わらず、〇・一九％のままであった。

鈴木隆雄氏の論にも言及され、「縄文時代後半には大陸から新しい文化を持った人々が渡ってきていたが、縄文人にとっては免疫のない新しい病気がもたらされたと考えられている」としたた上で、「説得力のある仮説のように思われる」（40）としたのには驚かされた。

埴原氏の「一〇〇万人渡来説」もそのまま紹介され、「弥生時代以降の人口増加には、縄文時代から日本列島に住みついていた人々の自然増加によるだけではなく、海外からの移住に支えられた増加もあった。そもそも稲をもたらした人々はそのような渡来人であった」(70)と記していた。

その上で「シミュレーションの結果、弥生時代初期から奈良時代初期にまでの千年間に一五〇万人程度の渡来があり、奈良時代初期の人口は血統から見て、北アジア系渡来系が八割或いはそれ以上、もっと古い時代に日本列島にやって来て土着化していた縄文系が二割又はそれ以下の比率で混血した可能性が高い」としていた。

そして今の日本人の祖先は縄文時代の人たちではなく、弥生時代以降に渡来した人に入れ替わったという主張に、科学的根拠があるかのように記していた。

「埴原の仮説は、遺伝子のＤＮＡ分析や特定ウイルスの感染に関する疫学的研究、結核感染に関する人骨の古病理学的研究（中略）などによっても裏付けられている。弥生時代以降の日本人集団と日本文化は、人口移動に基づく〝二重構造モデル〟によって説明されるのである」(72)

その七年後、『人口で見る日本史』（鬼頭宏　ＰＨＰ二〇〇七）が上梓された。ここで、「小山修三氏によって縄文から弥生時代にかけての人口が推定された」とした一文がある。

「簡単に説明すると、小山氏は次のような方法によって縄文期の地域別人口推計を試みた。①まず、人口を計る基準として八世紀の人口推計から、当時の関東地方の集落当たりの人口を求める。そして縄文時代を八世紀の集落規模を比較することで、縄文時代の関東地方の1集落当たりの人口を割り出す。②次ぎに、導き出した関東地方の集落人口を基準にして、一九七五年にまとめられた『全国遺跡地図』(文化財保護委員会)における各時期の遺跡分布を参考にし、縄文時代各期の地域別人口を推計する。奈良時代の人口、そして関東地方の遺跡というより確実な証拠を基準にして導き出そうという人口推計である」(27-28)

「確実な証拠を基準に……」としていたが、小山氏の根拠とは、「一九七四までの遺跡データ」なのだから、それ以後に発掘された数十万の遺跡人口が反映されていないことに気づかなかったのだろうか。算式も単純なのだから、遺跡数が増えれば縄文・弥生の人口推計に影響を与えること位、分かっても良かったのではないか。

但し、ここでも埴原氏の論を紹介してはいたが、異論も併記し、「いまとなっては在来の日本人か渡来人なのか、簡単に区別することはできないのではないだろうか」(49)と結んでいた。「稲をもたらした人々はそのような渡来人であった」も消えていたことを評価したい。

分かったことは、一度小山氏が縄文・弥生人口を推計すると、それを根拠に結果だけを信じ、適当に手を加え、数値を改変し、同じ結論に落着させて行く流れがあるという事実である。それでも、新たな科学的事実が積み重なることで修正されて行くという事実である。

どうやらこの世界では、単に「誤」↓「偽」↓「愚」の連鎖だけではなく、事実に基づき修正される流れもあり、これらを見極めることで日本人のルーツに迫ることが出来る、と感じた次第である。では、埴原の仮説を支えたといわれる「遺伝子のＤＮＡ分析による裏付け」とはどのようなものなのかを次に見てみよう。

第七章

統計的「偽」・宝来聡氏の「ＤＮＡ人類進化学」

何故「DNA研究の結論」に疑念を抱いたか

処でNHKが『はるかな旅』シリーズを刊行していた頃、「歯」ではなく遺伝子から日本人のルーツを論じた研究はなかったのだろうか。

手がかりを得るため『はるかな旅5』の巻末・参考文献一覧に目を通すと、前述の『日本人のルーツ』が載っており、それを開くと宝来聡氏（国立遺伝学研究所助教授）の『ミトコンドリアDNAジャワ原人は日本人の遠い祖先ではなかった！』が紹介されていた。

手元にあった『日本人のルーツ』を開き、先ず宝来聡氏による【人類遺伝学からの結論】とは何かと思って真っ先に結論に目を通した。そこで氏は次のように述べていた。

「どうやら、弥生時代以降にアジア大陸から日本列島に大量の移民があったことは間違いなさそうです」(164)

「そんなことが遺伝子から分かるのか」と半信半疑だったが、氏を取材した加賀慎一郎氏も次のように結んでいた。

「まとめますと、日本の先住民と考えられる縄文人の子孫はアイヌあるいは琉球人で、本土日本人が彼らと遺伝的には近いものはあるものの、その遺伝子プールの大部分は弥生時代以降にアジア大陸から渡来した人々に由来するものであること。またアイヌと琉球人は遺伝的に近縁性はあるものの、弥生人の渡来が始まった頃には既に別々の集団として存在し

ていたということですね」(164)(前掲書)

結論だけ読むと、埴原氏の「百万人渡来説」の正しさが遺伝子レベルから証明されたかのように感じられた。既述の如く、「歯」の研究者松村氏は、アイヌは主に縄文系、琉球人は主に渡来系と結論づけていた。つまり「歯」と「人骨」の結論は食い違っていたから、人類学の判断が必ずしも正しいとは限らない、と思っていた。

だがここに至り、「本土日本人の遺伝子プールの大部分は弥生時代以降にアジア大陸から渡来した人々に由来する」となったのだから、これで決まりだろうと半ば納得した。それは「ＤＮＡ研究からの結論は動かし難い真実」と信じていたからである。

何はともあれ、『日本人のルーツ』の【人類遺伝学からの結論】を最初から読み始めてみた。すると結論を導き出したプロセスに理解しかねる部分があったので、氏の推薦する『ＤＮＡ人類進化学』(岩波科学ライブラリー一九九六)を取り寄せ、不明部分を再確認することにした。

理系の端くれであった筆者は、自らの経験から、ある分析手法が如何に科学的であろうと、例えば最先端のＤＮＡ研究からの結論であろうと、サンプル採取から結論に至る一連のプロセスを統計学の作法に従って正しく扱わないと、誤った結論に至ることもあり得ることを知っていたからだ。

これは習い性となっており、筆者の目で氏の研究をトレースしてゆくと、かすかに芽生えた疑念が次第に膨らんで行ったのである。

ｍｔＤＮＡ研究のメリットと限界

ヒトの身体は約六〇兆の細胞から成り立ち、その細胞には核がある。その核内の染色体は二三対四六本から成り、個々の染色体は、ＤＮＡ（デオキシリボ核酸）、ＲＮＡ（リボ核酸）、タンパク質などを主成分とした巨大構造となっている。その中に両親から受け継いだ一対の性染色体が含まれている。

巨大という意味は、このＤＮＡには四種類の塩基配列によって遺伝情報が記されているが、ヒトの染色体上の塩基は約三〇億個にも及ぶからだ。このＤＮＡにヒトが受精して発生する過程から、生きてゆくに必要な全ての遺伝情報が盛り込まれており、遺伝情報はＲＮＡに読み取られることでタンパク質が生産され、生命が維持されている。

このＤＮＡは親から子へと連綿と伝えられ、その過程で突然変異により少しずつ変化しながら今日まで来たが、そこに進化の歴史が刻み込まれている。

現在ではＤＮＡ研究が進み、ヒトの起源を遺伝子本体であるＤＮＡから追求することが可能となっているから、ＤＮＡの塩基配列を知り、他の生物と比べることで進化過程を知ることも出来るようになった。

例えば、ヒトとチンパンジーのＤＮＡ配列を比較することで、塩基配列が違っている場所が分かり、更に塩基配列の異変を起こすタイムスパンから、ヒトとチンパンジーが分かれたのは今から約四九〇万年前と考えられるようになったのである。

ヒトの進化が分かるといっても三〇億個もの遺伝情報の比較は容易ではなく、宝来氏が対象としたのは細胞内のミトコンドリア内に存在するＤＮＡであった。

このミトコンドリアＤＮＡ（以下ｍｔＤＮＡ）は、約一万六千の塩基で構成されたコンパクトな環状遺伝子であり、三七個の遺伝子の他にＲＮＡやタンパク質から構成されている。このｍｔＤＮＡは、核ＤＮＡに比べて塩基置換の起こる速度が五～一〇倍くらい速いことから、生物進化を研究する上で都合がよいとされてきた。だが、留意すべき点が二つある。

第一は、ｍｔＤＮＡとは女系遺伝であることだ。つまり母親から女性が誕生することでｍｔＤＮＡ情報は伝えられて行く。だから母親から子供へと伝わる女性のｍｔＤＮＡを逆に辿ってゆくと、アフリカで発生した私たちの祖先へと辿り着くともいわれている。

だが男性の遺伝情報は次世代に伝わらない。いくらｍｔＤＮＡを調べても男性のルーツを知ることが出来ないのだ。

もう一つの注意点は、ｍｔＤＮＡは塩基置換速度が早すぎて、時間の経過と共に同じ構造に戻る可能性があることだ。これでは本当の進化を見定めることが出来ない。今日ではＹ染色体が、長いスパンでのルーツ研究に適しているとされる理由である。

東アジアから多くの女性が渡来したのか

ここで宝来氏が峻別しなかった点に触れなければならない。氏は女性と一緒に男性も行動すると信じていたのではないか。ｍｔＤＮＡの分析から、日本人のルーツを解明出来たかのように語っていたからである。

例えば、縄文男性と縄文女性の子供の骨から採取されたｍｔＤＮＡは縄文系となる。これは当然だが、渡来男性と縄文女性の子供の骨から採取されたｍｔＤＮＡも縄文系となる。

即ち、男性細胞のｍｔＤＮＡにも遺伝情報は存在するが、父親の遺伝情報はゼロであり、一〇〇％母親に由来する。つまりこの骨から採取したｍｔＤＮＡからは、母親のルーツしか分からない。ｍｔＤＮＡからは、女性の系統情報しか得られないのだ。従って氏の研究から得られた知見とは、「日本人女性のルーツ」としなければならなかったのに、ｍｔＤＮＡの研究結果をもって「日本人」と拡大解釈したことが、誤解を拡大させることになった。

当時から、男性の系統は、父から男子へと継承されるＹ染色体を分析することで解明されることは分かっていた。つまり次の三つが確認できれば女性と男性が日本列島にやって来た、或いはその子孫が選択的に増えていった可能性が高まる。

①現代の日本人のｍｔＤＮＡが近隣諸国の人々と似ている

②縄文・弥生人のｍｔＤＮＡが近隣諸国から出土する骨のｍｔＤＮＡと似ている

③日本人男性のＹ染色体と大陸系のＹ染色体が似ている

だがＹ染色体の塩基対は五〇〇〇万もの長大さであり、分析困難故、研究が遅れていた。従って、当時はこの点からの追究は困難だったが、幸いなことに近年、急速に解明が進み、世界各地の男性のルーツが分かるようになってきた。

その結論だけ先取りすれば、日本人のｍｔＤＮＡは半島や大陸の女性に似ているが、男性のルーツを表すＹ染色体は大きく異なっていた。

すると氏のｍｔＤＮＡ研究から、「弥生時代以降にアジア大陸から日本列島に大量の移民があった」と結論付けた場合、正確には「大量の（女性）移民があった」とならざるを得ない。「男性も同時に渡来した」は単なる憶測に過ぎないことになる。

この見方が正しいのなら、「中国大陸や朝鮮半島から多くの（女性）が日本へとやって来た」となるが、この話しをそのまま信ずる者は少ないのではないか。

では「どう解釈したらよいか」は後ほど解明するとして、この事からも分かるとおり、ＤＮ

Aの分析結果を「歴史的、考古学的、人類学的事実をベースにより正しく解釈すること」が重要となる。先入観に囚われることなく、最新の正しい事実を把握していなければ誤った理解へと迷い込んでしまうからだ。

つまり、最先端と信じられた宝来氏の研究内容とはどのようなものだったのか、も検証しなければならないことになる。それは氏の結論が、日本人のルーツを巡る論議に大きな影響を及ぼしていたからである。

日本人女性の九五〜七二％は縄文系だった

『ＤＮＡ人類進化学』によると、氏は「我々日本人は、何時、何処からやって来たのか、日本人はどのようにして形成されたのか、どのようにして日本列島にやって来たのか。これらは何より私自身が興味を持ち、その解答を知りたいと思っている」との問題意識を持っていた。

そこで氏は一九八三年以降、勤務先であった国立遺伝学研究所のある静岡県三島市近辺の新生児の胎盤からｍｔＤＮＡを採取し、研究を開始した。

それはｍｔＤＮＡを分析することで、日本人の起源が解明されることを期待してのことだった。だが氏の研究がｍｔＤＮＡからである以上、得られた結論は「日本人」ではない。正しくは「日本人女性」としなければならなかった（以下必要に応じてカッコにて補足）。

詳細は省略するが、ここで採取した一一六人分のｍｔＤＮＡの型を分類すると、六二タイプに分れたという。何と二人に一人は違うタイプとなる。つまり古い時代、世界各地からやって来た女性の子孫が現代日本人女性を構成していることになる。

この系統樹（六二タイプを分岐した年代順に時系列的な系統関係を示したルーツ図・分岐した下位グループをクラスターと呼ぶ）を作成した処、次のようなことが分かったという（図―16）。

①三島の日本人（女性）集団が大きく二つのグループ（ⅠとⅡとに命名）に分かれる。
②ⅠとⅡとに分かれた時期は、今から約十二万五千年前（系統樹Ｒ地点）と推定される。
③少数集団Ⅰ（一八％）は他の日本人に比べかなり異質である。

そして「新たな発見であると同時に、大きな謎として浮かび上がってきた」という。氏によると、ｍｔＤＮＡ系統樹からは約二十万年前、アフリカの大地溝帯辺りに誕生した人類が、アフリカ人と他の人類に別れたのが約十七万年前と推定された。そして五万年が過ぎ、アフリカ人と日本人・ヨーロッパ人とに枝分かれしたのが約十二万年前であった。更に日本人集団とヨーロッパ人集団は五万五千年前に分岐したと推定されていた。

このことから、氏は十二万五千年も前に分かれた一派が、日本人の中に一定割合存在するのは何故かと考えあぐねていた。そしてある考えに逢着した。

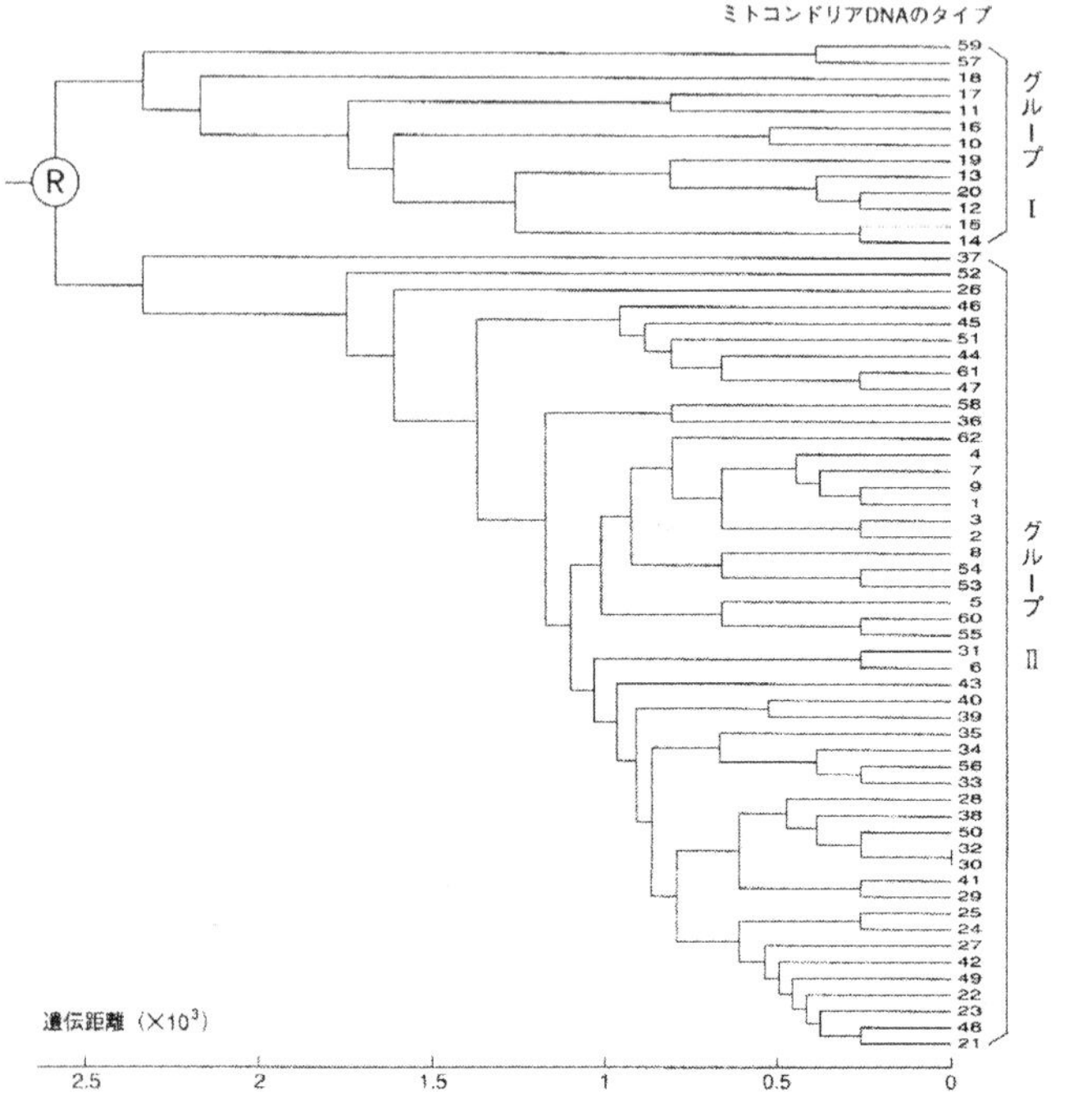

図－16　ミトコンドリアＤＮＡ多型分析で観察された静岡62タイプの系統樹（『ＤＮＡ人類進化学』宝来聡著、岩波書店刊より）　この系統樹からグループ Ｉ、グループ IIの二大系統が認められる。Ｒは系統樹の根、今から約12万5000年前と推定され、宝来氏はグループ Ｉを縄文系と想定した。

「もしかしたら二大グループは縄文系と弥生系の子孫たちかも知れない。三島のＤＮＡサンプルでは、グループⅠの割合十八％グループⅡの割合八十二％であったから、前者が縄文系、後者が弥生系というあまり根拠のない仮説を立てた。何故ならグループⅠの方が古い分岐年代を持つからである。当時の人類学の研究では、北海道のアイヌや沖縄の人々は、日本列島の先住民である縄文人の系統に繋がることが指摘されていた」(22)(『ＤＮＡ人類進化学』)

この仮説を検証するため沖縄に飛び、そこで八二人のｍｔＤＮＡを採取・分析を行った処、三九タイプに分類できた。だが氏の思惑は当たらなかった。

「それらのタイプの系統樹を描いたところ、確かに二大グループは存在したが、グループⅠの割合はわずか五％だった。見事に予想というか期待は外れた。もしグループⅠが縄文系であるなら、沖縄では本土よりもその割合はずっと高くなるはずであるからだ」(23)(前掲書)

そこで氏は見方を変え、「二大グループの内、どちらか一方が先住民であり、他方が渡来人のものというような、過去の日本への移住の歴史を論じることが原理的に出来ない」としたが、このように、自らの仮説を覆す研究結果が出たことを理由に、仮説の意味を変更するのはフェアな研究態度ではない。

仮にグループⅠの割合が本土よりはるかに大きいという結果が出れば、迷うことなくグループⅠを縄文系としたと思われたからだ。

更に氏は、青森県弘前周辺の六一人からＤＮＡを採取し分析を行った。そこで得られた四三タイプから系統樹を作成すると、グループⅠの割合二八％、Ⅱの割合七二％となった。

従って、氏の仮定を基に得られたデータをして語らしめれば、「日本人（女性）の七二〜九五％が縄文系グループ」ということがｍｔＤＮＡ分析から類推されたことになる。

つまり「少数グループ」、多数グループⅡが縄文系（女性）」らしいという結果となったのだから、この研究成果を根拠に、世の定説に疑念を唱えて然るべきだった。だが氏も、定説を覆す自らの研究結果に自信が持てなかった。

縄文時代の女性は日本人女性のご先祖様だった

従来、ｍｔＤＮＡ研究には大量の生体が必要だった。そこで宝来氏の研究グループは、お産の時のへその緒を産院から入手し、それを使って研究に必要なｍｔＤＮＡを採取してきた。三島、沖縄、弘前で得られたＤＮＡはそのような努力によって得られたものだった。

ところが昭和六一年（一九八六）、ポリメラーゼ連鎖反応法（ＰＣＲ法）というｍｔＤＮＡ増殖法が開発され、短時間に一〇万倍にも増やすことが出来るようになった。つまり髪の毛一本や僅かな体液からｍｔＤＮＡを採取出来れば、それを増殖させることで分析が可能となった。同様に人骨からｍｔＤＮＡを採取出来れば、その分析を通してルーツ確認する道が開けたことになり、人類進化の研究に一大転換をもたらすことになった。

昭和六三年（一九八八）、埼玉県浦和市で縄文人（五九〇〇年前）の頭骨が発掘された。氏はこからｍｔＤＮＡを採取することに成功し、ＰＣＲ法を使ってどちらのグループに属するのか確認を行った。

「今回、塩基配列の解読に成功した日本人の遠い祖先と考えられる縄文人骨・浦和一号は、系統樹の位置づけから、現代日本人に存在するグループⅡに含まれることが分かっている」（42）（『ＤＮＡ人類進化学』）

つまりこの縄文人は大多数の日本人（女性）と同じグループに属していた。更に氏は、アイヌ人（女性）はどちらのグループに属するのか、また縄文人（女性）は本当にグループⅡに属するのかの検証を進めた。

「浦和一号は縄文前期の関東縄文人であり、たった一個体の古人骨で縄文人全体を語るのは到底無理な話である。また形質人類学の研究では、縄文人とアイヌの近縁性が指摘されており、その辺の問題も明らかにする必要がある。

そこで、浦和の縄文遺骨以外に埼玉県戸田市で発掘された約六〇〇〇年前の縄文前期の人骨一体、北海道高砂遺跡出土の三〇〇〇年前の縄文後期人骨三体、北海道の近世アイヌの人骨六体の提供を受けて分析した」(42)(前掲書)

その結果は、氏の仮説を完全に否定するものだった。これら全ての人骨は、大多数の日本人(女性)と同じグループに属していた。その上、次のような事実が分かったのである。

①日本列島の先住民である縄文人と近世アイヌの一部が近縁であること、そして彼らは現代日本人の一部と東南アジア人の一部とも系統的に近い関係にある。

②最終過程で分岐した現代日本人(女性)十五人と同じクラスターに、縄文人四人、近世アイヌ二人、東南アジア三人、が含まれていた。

③同時に、全ての縄文人と近世アイヌの系統はグループⅡに含まれていた。

注目すべきは、②から、縄文時代の女性と現代日本人女性とは〝直近の関係〟にあることが確認されたことだ。つまりそのクラスターの祖先は縄文時代の女性となる。また③からアイヌも縄文人も全てグループⅡに属することが確定した。此処に至って氏は次のように結論づけた。

「日本人の集団が、少なくとも二つの大きく異なるグループに分かれることが明らかになった。この観点から見ると、縄文人とアイヌ人に代表される日本の先住民は、現代日本人のグループⅡに相当することになる。（中略）従って、弥生時代以降に大陸から移住してきた人たちの一部が、日本人のグループⅠに該当するのかも知れない」（45）（前掲書）

殆どの日本人（女性）、アイヌ人（女性）、琉球人（女性）、縄文人（女性）は、同じ多数グループに属することが明らかになった（図―17）。つまり、日本列島が形成された縄文時代からこの地に住み続けた人たちは、先住民（渡来人が移住してきてその土地を占有する以前に、そこに住んでいた人々）ではなく、アイヌ、琉球人を含む現代日本人（女性）の「ご先祖様」との結論になったのである。

　弥生時代以降、「大勢の女性が大陸や半島から日本目指してやって来た」などという話しは聞いたこともないのだから、常識的な結論になっ

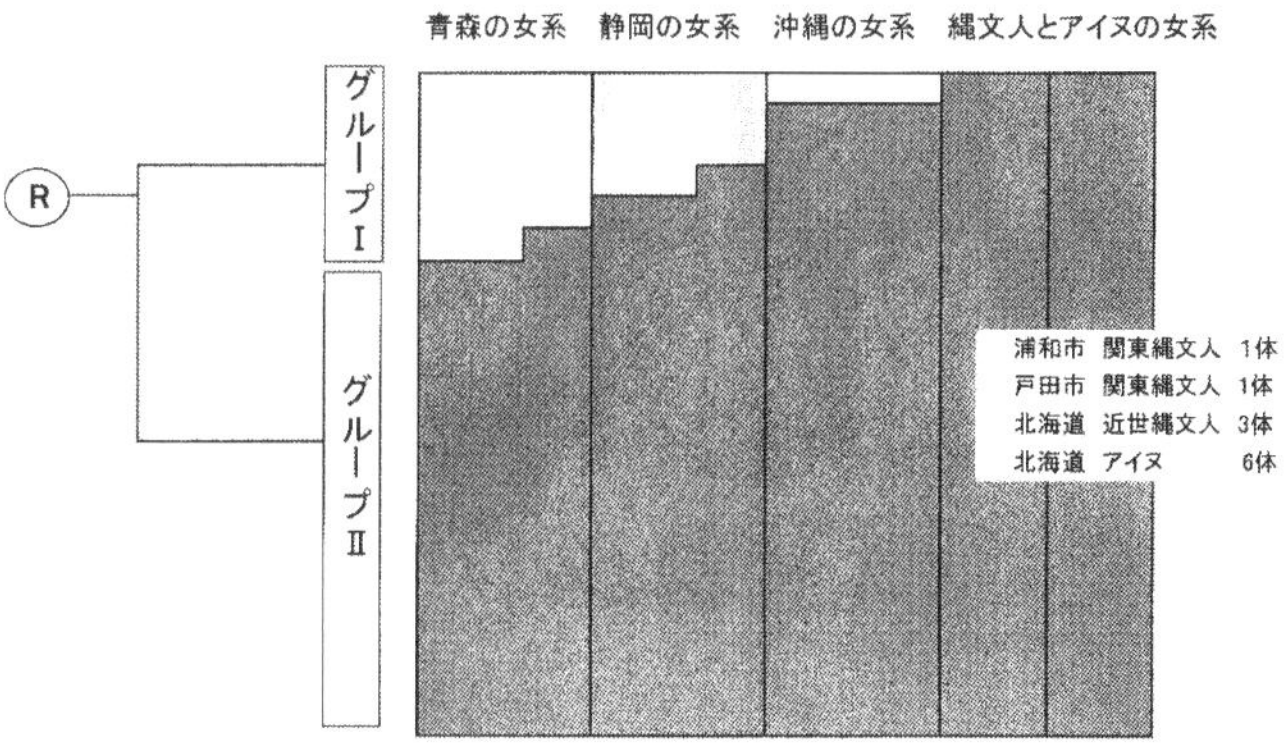

図－17　mtＤＮＡから見たグループ分け（『ＤＮＡ人類進化学』より作成）　日本人女性の多くは、縄文人やアイヌと同じ系統に含まれることから、多くの日本人女性及びアイヌ女性は「縄文時代の女性を祖先としている」と推定される。同時に「分岐年代が古いから縄文系、新しいから渡来系」なる判断も問題のあることが判明した。

ただけだった。

ｍｔＤＮＡ研究の限界と歴史認識

これで黒白がついたと思いきや、話しはこれでは終わらなかった。更に氏は次のような問題意識を持って話を進めていった。

「日本古代史の始まりとしては縄文時代が知られているが、この時代は一万二千年前から紀元前三世紀までの約一万年にわたる期間である。特徴的な縄文式土器を作り使っていた人々は縄文人と呼ばれている。我々の体の中にはこの縄文人の血が色濃く流れているのであろうか。そもそも縄文人はいつどこから来て日本列島に定住するようになったのか」（92）（前掲書）

日本人女性の主な祖先は、縄文時代の人たちであることは否定出来なくなったのだから、今度は縄文人のルーツを調べようとしているのかと思えた。

「また縄文時代の終わりに稲作文化を携えて九州に渡来してきた人々は、どこからやって来たのだろうか。それらの人々は弥生式土器の作り手たちだが、この弥生人と我々の関係はどうなっているのか」（93）（前掲書）

氏の縄文・弥生観は、司馬・山本両氏と同じだった。平成九年（一九九六）になっても相変わらず「渡来人が稲作文化を携えて渡来した」であり、この本を上梓する十五年以上前の大ニュース、菜畑遺跡など氏の思考に何の影響も与えていなかった。

しかも氏の頭の中では、縄文土器を作ったのは縄文人、弥生土器を作ったのは稲作文化を携えた弥生人＝渡来人なる謬論が生きていた。このような歴史的、考古学的な誤解を基にｍｔＤＮＡの分析結果を解釈することが、おかしな結論を生むのである。仮に氏が自らの研究対象を〝女性〟と認識していたら、「大勢の女性がやって来ただって」と再考出来たかもしれなかった。だがいつの間にか既成概念に呪縛され、それも出来なかった。

次いで明治時代以来の混血説、転換説、置換説の自己理解を披瀝し、従来の研究方法について、「日本人の起源についてのこれらの仮説は、主として人類学者による形態学的な特徴による研究に基づくものであった」(94)とした。また「一九六〇年代以降は、現代人の資料による血液型や血球酵素型、血清型の遺伝子頻度のデータから、人類集団の系統関係や分岐を探る研究がさかんとなり、日本人の形成に関してもこのような研究の立場からの議論が加わった」(94)とした上で自らの研究手法に言及した。

「日本人の成り立ちを研究し、かつ日本人の起源に関する最も適切なモデルをつくるために私が手がかりを求めたのは、やはりミトコンドリアＤＮＡであった。いうまでもなく日本人だけをいくら詳しく調べても日本人の起源は分からない。そのため、日本人を含む東アジアの人類集団を詳しく調べることにした。私が目指したのは日本以外のアジア各地で最低五〇人の血液資料を集めることである」(95)(前掲書)

当時、氏の研究手法は最先端を走っていた。だが縄文・弥生観が時代遅れであり、古典的な人類学者による形態学的判断に左右され、mtDNA研究とは「女性の系統研究」であることを明確に認識していなかったことが、次なる「誤」へと繋がって行くのである。

この〝サンプリング〟からは正解に至れない

前項で明らかになったように、氏の「研究目的」は次の四つであった。

一、我々の体の中には縄文人の血が色濃く流れているのか。
二、そもそも縄文人はいつどこから来て日本列島に定住するようになったのか。
三、また縄文時代の終わりに稲作文化を携えて九州に渡来した人々はどこから来たのか。
四、この弥生人と我々の関係はどうなっているのか。

この研究を行うために、氏は「日本以外のアジア各地で最低五〇人の血液資料を集める」としたが、そのために用意したヒト集団とサンプル数は次の通りだった。

①静岡三島の日本人　六十二人
②沖縄の琉球人　五十人
③北海道のアイヌ　五十一人
④韓国人　六十四人
⑤台湾の中国人（十七世紀以降に移住した人）　六十六人

これを見ると「日本以外のアジア各地」とは、韓国と台湾だけだった。氏は本当にこれだけのサンプルで正解に至れると考えていたのだろうか。誰が見てもこのサンプリングには問題がありすぎたが、その理由は以下の通りである。

言うまでもなく、「研究目的、一」に答えるには、縄文時代の人たちのｍｔＤＮＡを加えなくてはならない。それは彼女らが日本人女性と同じ多数のⅡグループに属し（179頁図―17）、日本人の祖先である可能性が高いからだ。だが氏はこの集団を欠落させた。

これで「一」の答として「現代日本人（女性）の祖先は縄文時代の人たちである」との結論に至る可能性はゼロとなった。迂闊なのか、恣意的なのかは不明だが、本命を外したのだから、正解に至れないことは明らかだった。

「二」に答えるためには海外にルーツを求めるしかなく、縄文人と共に遺伝的形質が近いとされる東南アジアの人々やシベリアのモンゴル人を加えるべきだった。彼らを除外した理由も分からない。これで「二」の答えも得られなくなった。

「三」の結論もあらかた出てしまった。何故なら、結論を出す前から「稲作文化を携えて九州に渡来した人々」として研究対象を台湾の中国出身者と韓国人に限定したから、日本人（女性）のルーツを海外に求めた場合、中国人と韓国人以外となる可能性はゼロとなった。

「四」の結論も見えてしまった。氏は縄文人を排除した上で、「弥生人とは渡来人」としていたから、日本人と中国人、韓国人との関係が緊密とならざるを得ない。アイヌや琉球人を渡来人とする答はあり得ないからだ。

これでは正しい結果が得られないというより、サンプリングの段階であらかた結果は出てしまった。残る興味は、これらの偏ったデータを使って結論へと導くプロセスを解明することだけとなった。先ず氏は、これら五集団の合計二九三人のｍｔＤＮＡの塩基配列を決定した。

「分析の結果、二九三人には二〇七種類の異なるタイプが観察された。このうち一八九のＤＮＡタイプはそれぞれの集団に固有のものであった。つまりＤＮＡタイプの大部分は、一つの集団のみで観察され、他の集団では見られないという結果になった。（中略）残りの十八タイプだけが集団間で共通して見られるもので、このうち十四タイプは二集団

で共通であり、四タイプは三集団にまたがって共通に見られた」(97)（前掲書）

ここでいう集団とは先の①静岡三島の日本人〜⑤台湾の中国人までの五集団である。そして各集団での共通タイプ一〇％未満、このわずかな割合を氏は重要視する。

その上で氏は「本土日本人と韓国人で共通するタイプが数多く見出されることは、朝鮮半島から日本列島にヒトの移住があった可能性を示唆している」(100)としたが、これは「弥生時代に多くの渡来人がやって来た」との思いこみからの推論だった。

だがこの推論は、その根拠がｍｔＤＮＡ分析にあるのだから、正しくは「本土日本人（女性）と韓国人（女性）で共通タイプが数多く見出されることは、朝鮮半島から日本列島に（女性）の移住があった可能性を示唆している」と言っていることに気がつかなかったのではないか。

またこの時、縄文や弥生時代の人たちが、日本から半島南部に進出していたことも知らなかったに違いない。正しい歴史的、考古学的認識が伴わないと、最新のｍｔＤＮＡから得られた成果も、誤った結論に逢着する恐れがあるとはこのことをいう。

この判断は「偽」・危険率六二％である

次ぎに、先の①〜⑤までの五集団で共通する配列タイプがわずか一〇％未満であったのに、何故、「日本人の六五％は渡来系」との結論に至ったのか、そのカラクリを解明したい。

氏は先ず系統樹を作成し、「ほぼ完全に混在していた」、「複雑多岐にわたる一見絶望的のようなこの系統樹から何かを読み取らねばならない」として無理矢理十八のクラスター（同じルーツを持つと判断される女性集団）に分類した。

「五集団のサンプリング数は必ずしも同じではないが、各クラスターにおいて最大数を占める集団をもとにして、それぞれの集団の特異性として割り当てた」（101）（前掲書）

「集団の特異性として割り当てた」という意味は、「ヒトは歴史的時間経過のなかでは移動する。従って、あるクラスターに他の集団がいたとしても、最大数を占める集団が他の女性集団のルーツである」と判定したということだ。

例えば、「クラスターC2」は、本土日本人・十一人、台湾の中国出身者・十三人、韓国人・五人、沖縄人・四人、アイヌ・一人の三十四人から成り立っている。この台湾の中国人・十三人が最も多いというだけで氏はC2を「中国人の特異性クラスター」とした（表—2）。

即ち、「クラスターC2」に含まれる他の計二十一人を「弥生時代の開始以降、大陸から各地にやって来た中国人（女性）の子孫」とした。だが何の考古学的根拠を伴うことなく、十三人・わずか三八％の集団をもって、六二％を占める集団を「中国人（女性）をルーツとする集団」としたことが「誤と偽」の始まりだった。（図—18）

表－２　クラスター構成と出身地別人数分布（『ＤＮＡ人類進化学』を改変）
宝来氏は各クラスターの特異性を決め、「彼女らが弥生時代以降に各地へ移動していった」とした。すると、Ｃ15からは「琉球人女性が日本、北海道、韓国へと移動し祖先となった」となる。

クラスター	特異性	静岡	沖縄	北海道	韓国	台湾	人数	計算式	特異性比率	危険率
		a	b	c	d	e	f		g	h=1-g
C1	アイヌ-1	1	0	10	1	1	13	c/f	0.77	0.23
C2	中国人-1	11	4	1	5	13	34	e/f	0.38	0.62
C3	琉球人-1	0	3	0	0	1	4	b/f	0.75	0.25
C4	中国人-2	4	1	1	4	15	25	e/f	0.60	0.40
C5	韓国人-1	7	4	4	14	2	31	d/f	0.45	0.55
C6	－	5	5	2	3	5	20			
C7	－	2	5	3	1	5	16			
C8	日本人-1	3	2	0	0	1	6	a/f	0.50	0.50
C9	中国人-3	1	0	3	4	6	14	e/f	0.43	0.57
C10	韓国人-2	5	1	1	7	1	15	d/f	0.47	0.53
C11	－	5	0	4	5	1	15			
C12	－	1	2	3	3	1	10			
C13	琉球人-2	3	5	0	3	3	14	b/f	0.36	0.64
C14	韓国人-3	3	0	0	5	4	12	d/f	0.42	0.58
C15	琉球人-3	5	12	8	5	0	30	b/f	0.40	0.60
C16	アイヌ-2	4	1	7	0	0	12	c/f	0.58	0.42
C17	琉球人-4	2	5	4	3	1	15	c/f	0.33	0.67
C18	中国人-4	0	0	0	1	6	7	e/f	0.86	0.14
	サンプル数	62	50	51	64	66	293			

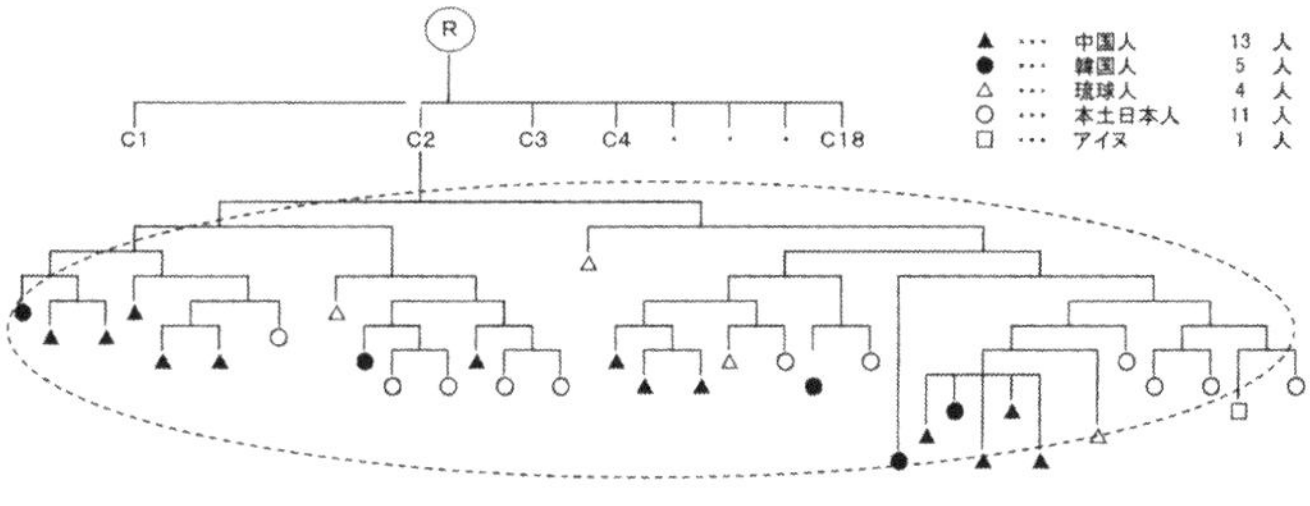

図－18　東アジア293人のうち、クラスターＣ２の模式図（『ＤＮＡ人類進化学』より作成）　宝来氏は、このグループ全ての国の女性を弥生時代以降に各地へ渡来した中国人の子孫とした。

統計学には「仮説検定」という考え方がある。この場合、氏の立てた仮説は「クラスターC2は中国人にルーツを持つ集団」、つまりこの集団全ての女性は、弥生時代以降、大陸からやって来た女性の子孫とした。それ以前から、広くアジアに展開していたかも知れないのに、である。

この考え方が正しいことは証明出来ないが、「偽」であることは仮説検定で判定できる。その場合、この仮説が間違っていないのに、間違っている、と誤認する確率（これを有意水準という）は通常は二・五％または五％を用いている。

そこで「C2は中国人女性にルーツを持つ集団とはいえない」と仮説を否定しようとすると、何と六二％がこの仮説を肯定してしまう。つまり棄却できない。従って「C2は中国人女性にルーツを持つ集団」なる判断は「偽《いつわり》」となる。

また氏の判断、「C2は中国人女性にルーツを持つ集団である」を受け入れると、「真実でないのに正しいとして受け入れてしまう確率」が六二％にもなる。従ってこのような話は「危険率六二％で偽」故に受け入れてはいけないのだ。

無数とも言える母集団から、たった一回、六六人のサンプリングで「C2は中国人にルーツを持つ女性集団」としたが、このような判断を肯定する考え方は統計学にはない。無意味というより有害故に棄却しなければならない。まして意味づけなど行ってはならないのだ。

統計学云々の前に「間違っている可能性が六二％なのに、これを正・真として受け入れよ」と言われてもそれは無理である。氏もこの指摘を危惧してか次のように記していた。

「この特異性の割り当てには多少恣意的な面もあるが、東アジアの人々のように、比較的近い遺伝的関係にあると思われる集団からミトコンドリアＤＮＡの塩基配列の関係を理解するには役立つ可能性がある」(104)（前掲書）

多少恣意的どころか、間違っている確率が六二％で「偽」なのだから、役立つ可能性はなく、むしろ有害だった。

次なるミスは各集団のサンプル数を揃えなかったことだ。先に「サンプリング数は必ずしも同じではないが……」とした点である。

氏は「Ｃ２」のルーツとして、中国人が十三人で一番多い故に「Ｃ２」の全集団を「弥生時代以降移動した中国人にルーツを持つ集団」としたが、「沖縄のＤＮＡは日本人と同じだ」として日本人集団に加えると、日本人が十五人となり、中国人の十三人を上回る。

すると、宝来氏の判別法に従えば、クラスターＣ２は「日本人にルーツを持つ集団」となり、今度は、中国や韓国女性は、弥生時代以降、日本から中韓に進出した女性の子孫となる。

このような結論になった原因は、日本人のサンプル数を百十二人（六二＋五〇）にしただけなのだ。氏は、「サンプル数を揃えないと、公正なデータ処理が出来ない」ことを知っていた。だが知りながら修正しなかった。

それは各母集団を沖縄に合わせて五〇とすることで、中国人母集団が十六人減少し、仮にC2の人数が十人になり、日本人が十一人のままなら、このクラスターは日本人（女性）の特異性となる。すると日本人（女性）が中国人や韓国人（女性）のルーツとなり、氏の固定観念「弥生時代に渡来人がやって来た」に合致しない恐れがあったからではないか。

そして氏は、①サンプリングが恣意的である上に、②統計学上の「偽」を「正」とし、③「サンプル数不揃い」という統計学的瑕疵を放置したまま、次なるステージへと進んだのである。

これが「誤・偽」に迷い込んだ原因だった

それは「危険率六二％」の上に、次のような仮説を立て、答を出そうとしたことが原因だった。

「アイヌや琉球人を現在における〝縄文人の系列〟とし、韓国人や中国人を現在における〝渡来人の系列〟とする（中略）。こうして本土日本人に於いて、弥生時代以降に渡来人によってもたらされたミトコンドリアＤＮＡの割合を算出するのである。計算の結果、この割合は六五％ということになった」（108-109）（前掲書）

この計算モデルとは、現代日本人（女性）のルーツを「渡来系」と「縄文系」に分け、次のような前提で組み立て、混合比率を求めたものだった。

①渡来系（中国と韓国女性）、縄文系（アイヌと琉球女性）、日本人女性、何れもみな混血から成り立っている。そして縄文人は絶滅したのだから参加資格はなく、その子孫のアイヌと琉球人のみ参加資格があるとした。

②しかるに、〈本土日本人女性の渡来系特異性頻度が五〇％〉（本土日本人女性の五〇％は大陸か半島にルーツを持つ）なのは、〈縄文系女性とされた琉球とアイヌ女性の渡来系特異性頻度・一九％〉と〈中国人女性と韓国人女性の渡来系頻度の平均・六六・九％〉との混血により成り立っているからだ。

計算過程は割愛するが、氏が算出した結論は次のようなものだった。

①日本人の遺伝子プールの六五％（0.6492・筆者の検算）は渡来系（中国・韓国）である

②すると残りの約三五％が縄文系（アイヌ・琉球）となる

だがこれはｍｔＤＮＡからの結論なのだから、「本土女性は、主に中国系と韓国女性、アイヌと琉球女性から成り立っており、弥生時代以降に日本にやって来た多くの中国女性や韓国女性の子孫が日本女性の六五％を占めている」となる。そして宝来氏の縄文・弥生観が司馬・山本両氏と同じなのだから、次のような結論以外になりようがなかった。

「この数値は、弥生時代（二三〇〇〜一七〇〇年前）とそれに続く古墳時代（一七〇〇〜一四〇〇年前）には大陸から多くの人々（女性）が渡来し、本土日本人（女性）の遺伝子プールはかなりその影響を受けたことを示している」(109)（前掲書）

正確に記すために（女性）を入れたが、氏の結論とはこのようなものだったと知ったら、ご本人が驚いたのではないか。既に指摘したように、この結論に至るプロセスには多くの問題点が内在し、それを自覚していた氏も始めは慎重だった。

「渡来人（女性）の割合が六五％という数値は、あくまでのも幾つかの仮定を含んだ上での試算であり、この数値のみが一人歩きしないことを望みたい」(109)（前掲書）

このように一旦は慎重を装うものの一転、自らの正当性を主張するに至った。

「どうやら弥生時代以降、アジア大陸から日本への大量（の女性）移民が起こったことは間違いないようである。渡来人（女性）は先ず西日本（九州）に移住し、次第に本州に移って、先

住していた縄文人（男性）と混じり合ったと考えられる」(110)（前掲書）

その時代の男性は、日本へと殺到した多くの渡来系女性と交わった、とは羨ましい話しではあったが、残念ながら氏の研究からは「弥生時代以降」なる時間軸の結論は得られていない。それは縄文以前かも知れないのだ。

この一文に（男性）も加えたが、渡来した女性が混じり合うなら、相手は縄文時代の日本男性とならざるを得ないからだ。これはおかしいと感じたのか、氏は次のように話しをぼかした。

「本土日本人（女性）は、縄文人という日本の先住民の子孫と考えられるアイヌや琉球人とある程度遺伝的に近い関係にあるものの、本土日本人（女性）における遺伝子プールの大部分は、弥生時代以降のアジア大陸からの渡来人（女性）に由来するものであった」(116)（前掲書）

始めは、「この数値のみが一人歩きしないことを望みたい」と述べ、いつの間にか「大量（の女性）移民が起こったことは間違いない」になり、最後は「日本人（女性）の大部分が弥生時代以降の渡来人（女性）に由来する」となった。

①偏ったサンプリング、②間違った統計処理、③縄文人を欠落させたままの計算モデル、④ｍｔＤＮＡの誤解、⑤固着する昔ながらの固定観念、これらから導かれた結論がこれだった。だが、宝来氏の結論に接した人は、「日本人の大部分は渡来系遺伝子を受け継いでいることが

最新のＮＤＡ研究から明らかになったのだ」と信じたのではないか。

「日本人の先祖は中国人や韓国人であり、縄文時代の人々はやはり先住民だったのか」と納得したのではないか。筆者もその一人だったが、他にも宝来氏の結論を信じ、大きな影響を受けた学者がいたのである。

第八章 為にする仮説・中橋孝博氏の「渡来人の人口爆発」

これが「最後の拠」となった

戸沢氏は、弥生時代の開始期、九州北部への渡来とは〝パラパラとせいぜい年に二〜三家族〟だったのに、紀元前後の中期になると人骨形態は渡来系になっていた、とした。

「考古学の調査から明らかになった少数渡来という意外な結論。これが正しければ、わずか数千人の渡来人がその後の日本列島の歴史を変えたことになる。処が一方で、人骨を手がかりに当時の人々の様子を探る形態人類学の研究は、〝少数渡来〟とは全く逆の結論を導き出している。

板付に水田が開かれてからおよそ二〇〇—三〇〇年後の弥生時代中期、福岡周辺で奇妙な墓が流行する。(中略)この甕棺のおかげで福岡周辺には当時の骨が大量に残されている。そしてそれらの骨の殆どが、山口県土井ヶ浜遺跡の人骨と同じく、面長で扁平という渡来系の人々の特徴を示すのである。このことは、弥生時代中期の福岡周辺には大勢の渡来系の人々が暮らしていたことを物語る」(59-60)(『はるかな旅5』)

この一文は、戸沢氏の頭に固着せる時代遅れの刷込により書かれている。

先ず、甕棺人骨は「板付に水田が開かれてから二〇〇—三〇〇年後」のものではない。板付は紀元前八〇〇年頃には成立しており、甕棺人骨とは、このムラの人々が八〇〇年近く米を食べ続けた後の人骨だった。そこには鎌倉時代から現代に至る長い時間が流れていた。

次いで、「面長で扁平」は正しくとも、それが「弥生時代中期の福岡周辺に大勢の渡来系の人々が暮らしていた」という根拠たりえない。この時代、ヒトの顔面骨格は大きく変わっていることが実証されているからだ。だが戸沢氏は中橋氏の論を次のように紹介した。


「考古学からは少数渡来、人類学からは大量渡来。この全く正反対の結論をどのように整合させたらよいのか。この難問に挑んだのが九州大学教授で形態人類学者の中橋孝博氏である。先程、甕棺人骨は最初の渡来から二〇〇—三〇〇年たった時期のものであることを述べた。中橋さんはこの時間差に注目した。

つまり考古学が示すように、当初、渡来してきた人々は決して多くなかった。しかし数百年のうちに渡来系の人々は数を増やし、人類学が示す渡来系一色の状態が作りだされた。これが、中橋さんが両者を矛盾なく説明するために立てた仮説だった。この仮説の検証は、本書の後半に掲載された中橋さんの論考を参考にして欲しい。結論を先取りして言うと、渡来系の人々は爆発的に人口を増加させることによって、あっという間に縄文系の人々の人口を追い越し、福岡周辺の平野を埋め尽くしていったのだ」（60）（前掲書）

この話しが正しいなら、この地域の人々にＡＴＬキャリアが多い理由が説明できない。渡来人の子孫がこの地を埋め尽くしたなら、キャリアは限りなくゼロに近づくからだ。そして次のように想定した。

「水田稲作という安定した生産基盤が持つ高い人口支持力。良好な栄養状態に支えられた長い寿命と多産。渡来系の人々は縄文系の人々に比べはるかに増殖力の高い人たちだった」(60)(前掲書)

この場面で氏は、『はるかな旅4』で浦林氏が明記した「紀元前六〇〇年頃、菜畑遺跡では縄文時代の人たちが現代と遜色ない灌漑式水田稲作を行っていた」という事実を隠した。これが露見しては、紀元前三〇〇年頃に大陸からやって来たボートピープルが見たものは、何百年も稲作を行ってきた縄文社会となってしまうからだ。

実年代が分かった今日では、紀元前一〇世紀からコメを食べてきた縄文時代の人たちの顔面形態が変わり、同時に人口爆発を起こしていた、と想定して何の不思議もない。同じコメを食べていたのに、縄文人だけが人口爆発を起こさない理由は見当たらないからだ。

では戸沢氏が切り札として紹介した中橋氏の論考を、やや立ち入って検証してみよう。これがNHKスペシャル『はるかな旅』シリーズの結論であるだけでなく、多くの学者に信じられている「日本人の主な祖先は渡来人だった」なる最後の論拠になっているからである。

宝来氏の「あの結論」を信じてしまった

中橋氏は先ず次のような問題意識を披瀝した。
「渡来人がやって来たことは事実であったとしても、では一体何時頃どれくらいの数の渡来人がやって来て、どのようにして日本列島に根を張り、成長していったのだろうか」(118)(『はるかな旅5』)
戸沢氏の文面からは、渡来人によって埋め尽くされたかのような印象を持ったが、九州を根拠地とする氏は慎重だった。その地の考古学的事実を無視できなかったからであろう。
「北部九州・山口地方からその人骨が集中して出土する、いわゆる渡来系弥生人のその後の拡散状況については、ある程度の理解が進んでいる。渡来系弥生人に似た人骨が、少数ながら奈良県や長野県、静岡県あたりの弥生時代の遺跡から発見され、さらに古墳時代後半になると関東地方まで彼らの遺伝的影響が広がったことが明らかになりつつある」(119)(前掲書)
どうやら氏は、人骨の形態変化は遺伝による、と信じていた。人骨の変化を見て「遺伝的影響が広がった」と記していたからである。そして氏のバックボーンとなったのは、人類学の大先輩、鈴木尚氏の実証研究ではなく、宝来氏の、あの「ｍｔＤＮＡ研究」からのご託宣だった。

「宝来聡らによる遺伝子分析からも、現代日本人の遺伝子構成は弥生時代の始まりを契機に流入した遺伝子がほぼ六五％を占めている、という結果が寄せられた。日本人の形成に、この時期の渡来人が重要な役割を果たしたことはほぼ間違いないだろう」(119)（前掲書）

つまり中橋氏も宝来氏の、「日本人の六五％が渡来系」なる結論を信じてしまった。だが、その地から、氏の結論を裏付ける考古学的、人類学的証拠は見当たらなかった。

「実は、弥生文化発祥の地であり、渡来人たちが最初に足を踏み入れた可能性が高い北九州には、こうした疑問の解明を試みる上で致命的ともいえる大きな資料上の問題点がある。これまで北部九州から出土した弥生人骨は数千体にものぼるが、その殆どは弥生中期以降のものでしかなく、それ以前の縄文時代の終わりから弥生時代の開始期にかけての、最も肝要な移行期の人骨が殆ど欠落しているのである」(119)（前掲書）

紀元前千年～前百年頃の人骨は殆どないという。では何故ないのか、そしてそれ以後の人骨は何故出てきたのか。それは朝鮮半島からも出土していた甕棺だった。

「勿論、遺跡そのものは存在するのだから、当時この地に人が住んでいなかったわけではない。中期以降に人骨数が急増するのは、その頃に北部九州で大型の甕棺に遺体を納めて埋葬する習慣が大流行したためである。（中略）土壌の影響をより受けやすい他の構造の墓では、二千年の時を隔てて弥生人骨が原形を保ったまま出土することは先ず望めそうもない。当然、こうした状況では、最初に紹介したような菜畑遺跡や板付遺跡などにおいて、わが国で最初に水稲農耕を始めたのがどのような人たちだったのか、その具体像は掴めぬままである」(119)（前掲書）

だが、考古学では縄文土器を使っていた人々を縄文人と呼ぶのではないか。すると菜畑や板付の人たちは縄文時代からコメを作り、生活を営んでいたことになる。そして中橋氏も司馬・山本的縄文・弥生史観に汚染されていたことが次の一文から明らかになった。

「遅くとも弥生中期以降には確認できるこの地域の人々が、大陸人に近い人体的特徴を持つことから類推すれば、その二、三百年前に新しい文化を持ったそうした人々が大陸からやって来て、それを開花させた、と考えることは別に不合理ではなかろう。しかし、現実の遺跡からもたらされる情報は、そう簡単ではない」(119)（前掲書）

待望の弥生初頭期、しかも稲作を行っていた形跡のある遺跡から人骨が出土したのだ。その結果、氏が信じた「渡来人が稲作を始めた」が揺らいだのである。

「福岡県の糸島半島・新町遺跡で、この空白期に朝鮮半島からもたらされた支石墓の被葬者が、縄文人によく似た形態と抜歯風習の持ち主であった。つまり渡来系の墓に、縄文人タイプの人が埋葬されていたのである」(120)（前掲書）

これは小山修三氏が想像したように、縄文時代の人々が稲作を始めた根拠となる発掘だった。この時代の人たちは朝鮮半島へと進出していたのだから、渡来系とされる墓に彼らが埋葬されていたとしても何の不思議もなかった。

「その一方で、板付に近い福岡空港内の雀居《ささい》遺跡では、弥生中期中頃（紀元ゼロ年頃　引用者注）の墓から、非常に面長で扁平な顔つきをした長身の女性人骨が発見された。しかも奇妙なことに、この渡来系弥生人によく似た女性は、縄文晩期の人々や前述の支石墓の被葬者と同じような抜歯風習の痕跡を残していた」(120)（前掲書）

奇妙でも何でもない。この女性は縄文晩期からコメを食べ続けて七～八〇〇年後に姿を現しただけだった。何故なら、抜歯という社会的・文化的習慣を身に纏い「私は縄文時代からこの地に住んで来た人々の子孫です」と訴えていたからである。

北部九州への大量渡来はあり得ない

事実が明らかになるにつれ、弥生時代の変革の担い手に関し意見が二分されたという。

一つは、それを縄文時代の人たちに帰す考えである。この地域に以前から住んでいた人々が大陸の新文化を選択的に受け入れ、水稲耕作を柱とした弥生社会を作り上げていったとするものだ。

もう一つは、水稲耕作を主たる生業とする渡来人が先ず北部九州に定着し、一部の縄文系住民との遺伝的・文化的な交流を経て、急速に人口を増やしながら弥生社会を作り上げていったとする考えである。ではどれ程の渡来人が想定されるのだろうか。

「埴原和郎氏のいわゆる百万人渡来説が良く知られている。これは縄文時代の末期（当時の人口はおよそ七～八万人。小山修三氏の推計）から七世紀（五四〇万人。記録資料から推計）までのおよそ千年間の人口急増は、普通の農耕社会の自然増ではとても説明できず、その不足を補うには、おそらく一〇〇万人規模の渡来人を想定する必要がある、とした考えである（例えば、人口増加率を〇・二％とすると、一年に一五〇〇人ずつ、計一五〇万人）」(122)（前掲書）

この一文から、中橋氏は小山氏の論文にまで遡って検証したとは思えなかった。その上で埴原氏の「百万人渡来説」をやんわりと否定した。

「渡来人の影響を重視する点では全く異論はないが、しかし、この間の人口増加の原因を彼らの大量流入に帰す必要があるのかどうかは疑問である。少なくとも渡来人の主な受入口になったと思われる北部九州では、これまでの発掘で見る限り、弥生時代の初めから古墳時代にかけて、在来の住民を圧倒するような規模の渡来を想起させる事実は全く報告されていない」(122)(前掲書)

即ち、北部九州各地では、縄文、弥生から古墳時代まで、大量渡来の痕跡は見当たらないというのだ。次いで氏は、「変革の主体は縄文人」との見方を紹介した。

「考古遺物の変化から見ると、この地域への外来要素の流入は幾つかの波があったようで(中略)。しかしそれらの変化の中身は、従来の伝統文化の一部に新しい大陸系のものが混入する程度のもので、決して生活文化全般が一新されるようなものとして捉えられていない。弥生時代の開始期の変化も、壺や木製農耕具などの新しい要素が出現するものの、生活用具の大半は従来の縄文系伝統を受けついだもので占められているのが実情である。先に紹介した、変革の担い手を縄文系住民に求めた説も、発掘結果が示す生活文化の連続性を重視することから導き出されたものなのである。永年の発掘結果からもたらされるこうした情報はやはり無視できない。

確かにもし大量の渡来人がやって来たのなら、もう少しはっきりした変化がその生活用具にも現れるはずであり、従って、渡来人の存在は認めるにしても、その規模は在来の住民に比べてかなり限定して考えるのが妥当であろう」(123)(前掲書)

つまり氏は埴原氏の「一〇〇万人渡来説」はもとより、文科省検定済『歴史教科書』の記述、「朝鮮半島から日本列島へ渡ってきて住みつく渡来人が大勢いました」をも否定した。どう見てもこれらの説を支える考古学的証拠がなかったからである。その上で「何故、弥生中期以降の人骨は渡来系が多いのか」と考え倦ねていたと思われる。

縄文的生活文化なのに渡来系人骨なのは何故か

人骨の形態変化を遺伝子の違いに求めた中橋氏は、北部九州の人たちは揚子江下流域からやって来たと考えた。

「周知のように、この地域の弥生前期末以降の甕棺人骨は、大陸の人々と良く似た特徴を持っている。もし渡来人と縄文人がかなりの比率で混血したのなら、当地の弥生人骨の平均値は両者の中間値に近づくだろうが、殆ど大陸の人に近い特徴を示している。また個々の人の特徴を、判別関数法を使って調べてみても縄文人的特徴の持ち主は、当時の北部九州では僅か一、二割でしかない。つまり遅くとも弥生時代の中頃になると、この地域の住民は、殆どが渡来人的特徴で占められていたのである」(123)(『はるかな旅5』)

だが次の何処を見れば「弥生人骨は大陸の人々と似ている、縄文人的特徴の持ち主は僅か一、二割」と読めるのか分からない（数値は中橋氏作成した図（124）から筆者が読み取った値）。

［判別分析による頭蓋骨の時代分け］

縄文　**縄文**＝八七％、弥生＝〇％、古墳＝七％、中世＝〇％、近世＝六％、現代＝〇％

弥生　縄文＝六％、**弥生**＝四六％、古墳＝三％、中世＝二九％、近世＝十％、現代＝六％

古墳　縄文＝六％、弥生＝二〇％、**古墳**＝〇％、中世＝四五％、近世＝一四％、現代＝一五％

中世　縄文＝〇％、弥生＝十％、古墳＝七〇％、**中世**＝〇％、近世＝十％、現代＝十％

近世　縄文＝〇％、弥生＝二一％、古墳＝六％中世＝六％、**近世**＝五〇％、現代＝一七％

現代　縄文＝〇％、弥生＝一一％、古墳＝一六％、中世＝四％、近世＝一一％、**現代**＝五八％

このような判別方法は根拠たり得ない。

例えば古墳時代の言いようとして、「この頭蓋骨が古墳型です。しかし古墳時代の人々で古墳型の人骨はゼロです」となる。これでは何のための銘々と判別なのか分からない。また「中世では中世型が〇％、古墳型が七〇％となります」では割合と命名に納得が行かない。

これらのデータは単に「人の頭蓋骨は時代により変わってゆく」という鈴木尚氏の研究を追認したに過ぎないのではないか。学生時代に人類学を学んだ斉藤成也氏は、形態人類学者が好んで行う頭蓋骨計測と系統分類を次のように見ていた。

「こうなると最早頭長や頭幅を調べて人類の系統を議論することには、あまり意味がないなあと思ったものである。しかしながら形態を比較して人類の系統を調べている研究者に、頭長や頭幅を比較する項目に加えることが依然として多い。遺伝子の変化を専ら重視する者にとっては甚だ不可解である」(87)(『ＤＮＡから見た日本人』ちくま新書二〇〇五)

中橋氏の頭蓋骨測定から得られた［判別分析］の矛盾が、斉藤氏の正しさを証明している。それでも中橋氏は次のように信じていた。

「遅くとも弥生時代の中頃になると、この地域の住民は、殆どが渡来人的特徴の持ち主で占められていたのである。この事実からすると、少なくとも、縄文系住民が弥生革命の実行者との考えは成立しない。何故なら、もし縄文系住民が弥生社会を構成していったのなら、当然、弥生中期の住民構成は縄文系が主体になっていなければ辻褄が合わない」(123)(『はるかな旅5』)

氏は、渡来はわずかなのに、弥生時代中期の人骨が渡来系人骨に変わっている理由を考えていたと思われる。

「では、もう一方の、渡来人を変革者とする考えはどうだろうか。実はこちらの方にも、解決を要する問題点が一つある。先に紹介したように、渡来人が来たとしても、考古学的事実からその数は少数と考えざるを得ない。その一方で、甕棺人骨が証明しているように、わずか二〇〇―三〇〇年後の弥生中期には人口比が逆転して彼ら渡来系が圧倒的多数を占めるに至ったはずなのである」(125)(前掲書)

氏が『はるかな旅5』にこの論文を載せたのが平成十四年一月(二〇〇二)、そして歴博が「較正炭素14年代」に基づく実年代を公表したのが翌、平成十五年三月、「歴博国際研究集会」だったから、氏は実年代を知らずに、定説に従い、稲作の開始期を紀元前三世紀頃としていた可能性は残る。だが、地元の有名な菜畑や板付遺跡から、縄文土器と共に水田址が発掘されていたから、紀元前六〇〇年頃には、大規模な水田稲作が行われていたことを知っていたのではないか。

更に同年五月、歴博が日本考古学協会総会で報告したとき、出席者の反応は、衝撃、当惑、賛成、反発、拒否、嘲笑などであったというが、それが判明した今、どの立場をとっているのか知る由もない。だが「賛成」なら氏の次なる推論の根拠は崩壊する。

中橋氏のシミュレーションの前提条件とは

氏のモデルとは、①司馬・山本的縄文・弥生観に基づき、②小山修三氏の人口推計を恣意的に判断、改変し、③土器編年から推定された、紀元前六〇〇年に灌漑式水田稲作が行われていた、を無視することから始まった。

「一般に狩猟・採集民の人口増加率は低く、年率〇・一%を超えることはごくまれで、逆にマイナスになることも珍しくない。日本の縄文社会についても、小山修三氏の試算では、縄文前期―中期の気候条件の良かった時期に急増したこともあったが、全体的には年率〇・一%かマイナスで、特に晩期になると急激な人口減少が起きたという結果が得られている。そうした成果を参考に、ここではしかし、〇・一―〇・三%と敢えて高めに設定した」(125)

(『はるかな旅5』)

小山氏の人口推計に依拠しているように見えるが、実は「誤認してます」なる記述である。「縄文前期―中期」の話しなど、これから論考する弥生時代とは何の関係もなかった。この一文は、単に縄文人を「狩猟・採集民」として「人口増加率は低いのだ」と印象づけるために例示したに過ぎなかったのではないか。また小山氏の論では、急激な人口減少が起きたのは「晩期」ではなく「後期から晩期にかけて」だった。

何れにしても氏は、埴原氏や鈴木氏の主張した、「弥生時代の大量渡来」は否定した。

「考古学的な情報から判断する限り、中期初めから中葉にかけての時期に大陸からの流入が特に増加したという兆候は見いだせない。（中略）この間の人口増加の主因としては、やはり当地の住人の自然増加に求めるのが妥当であろう」(129)（前掲書）

その上で人口増加モデルを組み立てたが、それは次のようなものだった。

縄文人は狩猟採集民だから人口増加率〇・一％～〇・三％

渡来人は農耕民族だから〇・五％～三・〇％

縄文人集団の中に占める初期渡来人の比率〇・一％～一〇％

弥生開始期から弥生前期末までの時間二〇〇～三〇〇年

このように幅を持たせながら、実際に採用した計算条件とは次のようなものだった。

三〇〇年間の縄文人の人口増加率〇・一％固定

ケース一　紀元前三～四〇〇年の初期渡来人が縄文人の一〇％の場合、

人口増加率一・三％で三〇〇年後に渡来人の比率が八〇％になる。

ケース二　紀元前三～四〇〇年の初期渡来人が縄文人の〇・一％の場合、

人口増加率二・九％で三〇〇年後に渡来人の比率が八〇％になる。

氏は、渡来人の人口増加率を北部九州の隈・西小田遺跡での甕棺から年率一・〇％とした。

ここまでは何等かの根拠があるとしても、氏は戦前を例示しながら、「その頃の日本は、年率一―二％の高率で人口をふやしていた」(130)とした。そして縄文から弥生時代の人口増加率を更に高い〈二・九％！〉としたが、そこには次のような無理と矛盾が内包されていた。

①縄文人は狩猟採集民だから〃人口増加率〇・一％に固定〃について

・紀元前一〇世紀から縄文人が本格的な水田稲作を行っており、その後も継続して稲作を行っていたから紀元前三〇〇年頃の縄文人は立派な農耕民だった。

・従って「縄文人は狩猟採集民」として紀元前三〇〇年から紀元ゼロ年頃までの三〇〇年間、人口増加率を〇・一％に固定する根拠が見あたらない。

・中橋氏は「敢えて高め」として縄文人の人口増加率を〇・一％としたが、小山氏はこの時代の人口増加率を〇・二％としていたから、氏の設定は「敢えて低め」だった。

②渡来人は農耕民族だから〇・五％～三・〇％について

・人口増加率の最高値は、氏の調査にもあるとおり最大でも一・〇％であろう（埴原氏は、この時代、〇・四％であっても異常に高いとしていた）。

・氏の設定した弥生時代の人口増加率二・九％は、何の根拠もない超過大値である。

③縄文人集団に占める初期渡来人の比率〇・一％～一〇％

・中橋氏も北部九州への渡来は少数であることを認めていた。渡来人は年に二、三家族、数十人とのことだから、〇・一％を採用すべきだろう（計算スタート時の縄文晩期の人口を七〜八万人として〇・一％で七〜八〇人となる）。

「ヒトの骨は変わっていく」という実証研究を尊重すれば、こんな根拠なき条件にすがる必要はなかった。稲作開始期の糸島・新町遺跡の人骨は全て縄文系だった。コメを食べ続けて八〇〇〜一〇〇〇年後、甕棺人骨の形態が変わったからといって何の不思議もなかったのである。

これでは弥生時代の人口は一億人を突破する

では氏の〝シミュレーション〟とやらを追ってみたい。

ケース一は、渡来者数・七〜八千人となり、中橋氏の否定した「百万人渡来説」の渡来者千人／年を遥かに上回り、ＮＨＫの二〜三家族／年とも話しが合わないので対象外となる。

ケース二の算式を追ってみると、このモデルは年間の渡来者が二〜三家族を上回る七六人であった。だがそれは、「紀元前三〇〇年頃に、七六人の渡来人が一回だけやって来た。その後は渡来人は来なかった」なる条件設定だった。

また計算式とは「縄文人の人口増加率を〇・一％、渡来人の人口増加率を二・九％として三〇〇年固定、各々三〇〇乗した倍率に三〇〇年前の人口を掛けた」という単純なものだった。（図―19）。

縄文晩期の全人口（七五、八〇〇人）＝縄文人口（七五、七二四人）＋渡来人口（七六人）
そして三〇〇年後の人口構成とは、縄文系人口＝増加倍率×縄文晩期人口＝一・三四八倍×七五、七二四人＝一〇二、一〇〇人（二一％）
渡来系人口＝増加倍率×縄文晩期人口＝五、一五五倍×七六人＝三九一、七八〇人（七九％）
これが渡来人比率・約八〇％、縄文人比率・約二〇％の根拠と思われる。
では氏の想定した、年率二・九％増とはどのような数値なのだろう。

仮に、このままの人口増加率で更に一〇〇年過ぎ、小山氏の定義した弥生時代＝一〇〇年になると、日本の人口は六八〇万人を突破する。小山氏はこの時代の人口を約六〇万人としたので、一〇倍以上、奈良時代の人口をも上回る。更に一〇〇年過ぎ、弥生時代後期の二〇〇年になると日本の人口は、一億人を突破する！（図―20）

ケース一の人口増加率、一・三％であっても千年後の奈良時代まで続くと、渡来人人口、七五八〇人は四〇万倍に増加し、三〇億人を突破する！

この時代の人口は約五四〇万人だったから、一見控えめな人口増加率一・三％もあり得ない。埴原氏が「〇・四％を異常に高い」と言ったのには根拠があったのだ。

仮に「異常に高い〇・四％」を用いると、三〇〇年後の渡来人の人口は約三・三倍、二五〇人にしかならない。この場合、九九％以上が縄文系となる。そこで埴原氏が「異常に高い」と

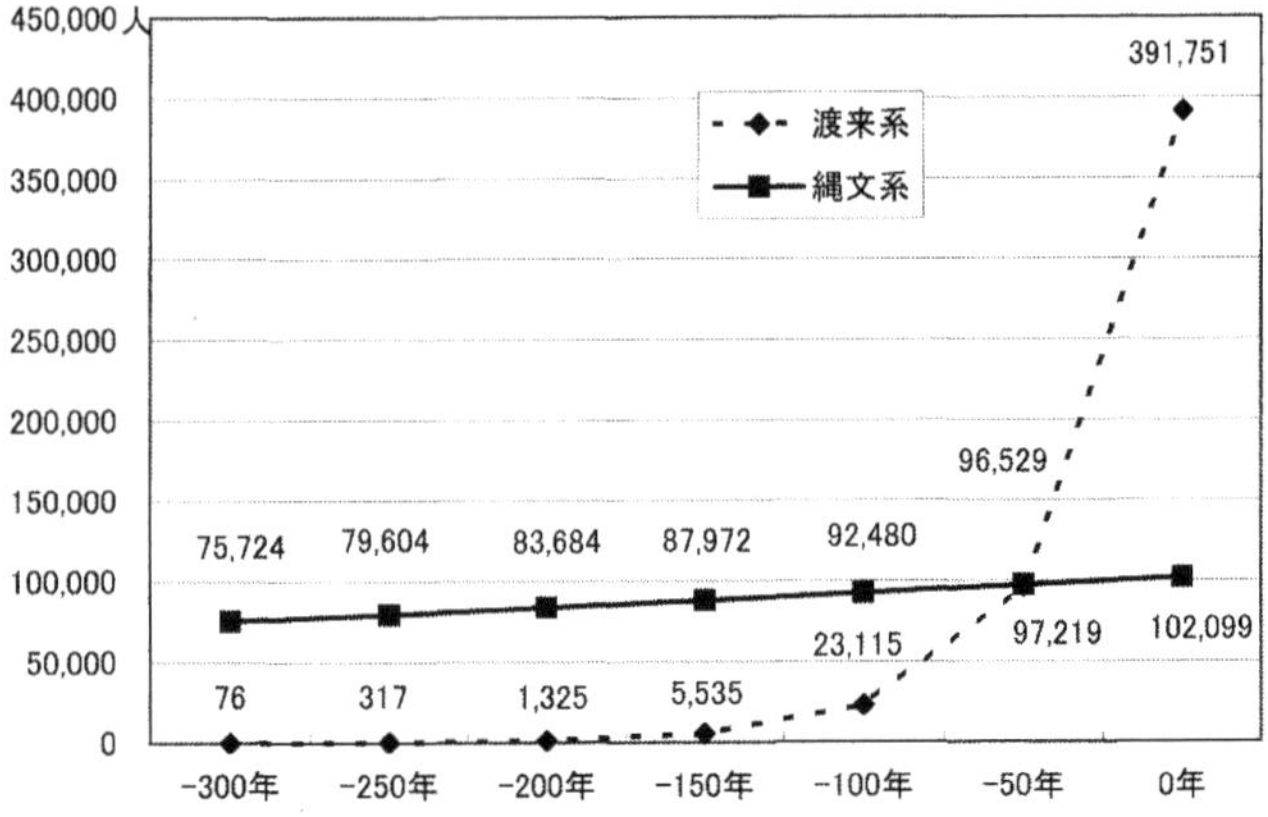

図－19　中橋氏による人口推計　紀元前300年から0年まで、渡来系が2.9%、縄文系0.1%で推移した場合、紀元前300年に渡来した76人が、300年後には約40万人に増加することになる。

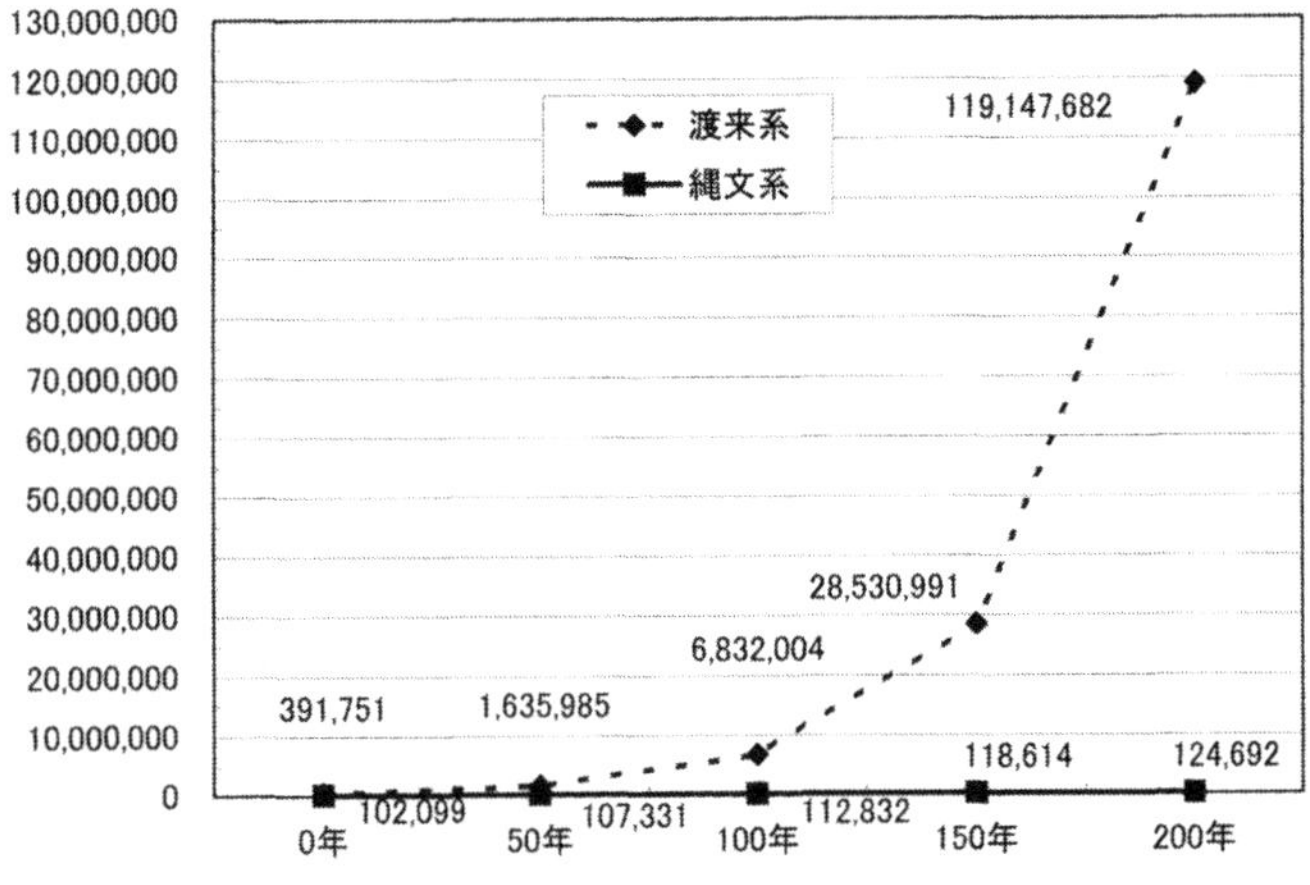

図－20　中橋氏による人口推計　紀元前300年前から0年まで、渡来系2.9%、縄文系0.1%で推移し、更に200年続くと日本の人口は1億を突破する。

した七倍以上の二・九％を用いたが、このような計算に如何ほどの意味があるのだろう。

中橋氏の設定した人口増加率は、「ためにする」数値設定だった。三〇〇年後の渡来人比率を八〇％にするために、渡来人の人口増加率を二・九％、縄文人を〇・一％とした。筆者の見るところ、理由はそれだけで如何なる合理的根拠も見当たらない。

従って、この計算もシミュレーションではなく単なる「試算」である。異常に高い人口増加率が尤もらしく思えたのは三〇〇年間に限定したからだった。この人口増加率では弥生時代後期の人口が一億人を突破し、或いは奈良時代の人口が三〇億人を突破する。

氏の推算は、紀元前三世紀ころに渡来人が狩猟採集の縄文社会にやって来た、なる歴史教科書的、司馬・山本的パラダイムを前提に成り立っているが、水稲開始の実年代は紀元前一〇世紀まで遡り、その時代の人たちが灌漑式水田を営んでいたことが明らかになった今、この計算モデルは修正すべき時に来ている。

矛盾を拡大した新たなモデル設定

戸沢氏や「歯」の専門家・村松氏、土井ケ浜の館長、そして中橋教授などは皆、「渡来人は大陸からやって来た」としていた。その丸木船で東シナ海から、或いは半島経由で日本へ漂着した大陸からの子孫が、縄文時代の人々と入れ替わるように増えていったとした。

然るにこの時代、九州を中心に朝鮮系土器が僅かに出土するのみであり、シナ大陸の生活文化や土器を伴う集落が発見された話しなど聞いたことがない。縄文時代から弥生時代への移行期のムラでは、水田遺構と共に発掘された土器を始め生活文化の殆が縄文であり、やがて弥生土器が混在し、文化的断絶もなく弥生の要素が次第に増えていったのだ。

そして有光氏が「朝鮮半島南部には、日本の弥生式土器、それに伴う石器と類似の物が、かなり濃厚に分布している」と語っていたように、弥生土器は日本人の造った土器なのである。

だが大正時代の謬論「弥生土器こそ渡来人がやってきた証拠だ」が未だに生きており、縄文土器と弥生土器が混在した集落が発掘されると、「この集落には縄文人と渡来人が住んでいた」なる固定観念があったのではないか。

そうでなければ中橋氏が次なる「奇妙な計算」を行った理由が分からない。ここで氏の言う「渡来系の土器」とは、弥生土器を指していたのではないか。

「一つの遺跡から縄文系と渡来系の土器の両方が出土する事実からすれば、混血の効果も考慮したモデルが好ましかろう。そこで、縄文系住民の集落の他に、渡来系と縄文系の混血集落を考えて、同様なシミュレーションを行ってみた」(134)(『はるかな旅5』)

箸、茶碗、お椀を使うのは日本人、スプーン・フォーク・ナイフを使うのは西洋人、両方出土する集落は混血集落としているようで滑稽だった。縄文時代の人々は、子々孫々何百年後も縄文土器を使い続ける人たち、と決めつけていたのではないか。

「前述のように、初期弥生集落では縄文系の土器の方が優勢なのだが、世界の殆どの民族集団と同様に女性が土器の製作者だとすると、この（縄文系女性が　引用者注）低い比率では、それ程沢山の土器が作れたか疑問である。そこで少し設定を変えて混血集落の男性は全て渡来系で、女性は両系の混合だったとして再計算してみた。そうすると、女性の中に縄文系が占める割合が八四．七％という高率でも問題がないという結果となった」(134)（前掲書）

〝混血集落〟とはおかしな命名だが、このムラの男性は全て渡来系とした。渡来人難民が縄文人男性を追い払うか皆殺しにし、言葉の通じない縄文人女性を獲得した、そんなところか。だが、少なくとも渡来系女性が一五％いたというのだから、「女性が土器の製作者」なら少しは大陸系の土器が出土しても良さそうなものだが、稲作開始期の縄文遺跡、例えば菜畑遺跡や板付遺跡からは縄文土器しか出土しなかった。朝鮮系の土器が出土した事例もあったが僅少、大陸の土器となると聞いたことがなかった。

氏はこの混血集落とやらの計算も行っていたが、計算条件の一例は次の通りだった。

縄文系の増加率・〇・一％、渡来人の増加率・三・〇％、初期の渡来人は一％＝七六〇人その結果、三〇〇年後には、渡来系が八〇%、混血集団内の縄文系比率一八・八%、混血集団内の縄文系女性の比率八六・六%としたが、何故、このようなモデルを創ったのか、その理由が次の一文から分かった。

「男性主体の渡来、ということは、かつて故金関丈夫博士や熊本大学の甲元眞之氏等が指摘していたことだが、様々な民族事例や、決して安全でなかった当時の航海を考えれば、十分あり得たことのように思える」(134)(前掲書)

氏は九州の大学者の指摘に応えるべく、モデルを作成し、次のように結論付けた。

「少数渡来→高い人口増加率による人口比の逆転というモデルは、今のところ人類学と考古学双方の情報を整合させうる一つの有力な解釈となり得よう」(134)(前掲書)

だが根拠を提示せぬまま水田稲作の開始時期を適当に設定、決められた結果になるように異常に高い人口増加率を設定し、しかもその期間も三〇〇年に限定しての計算は「ため」にする空論であることは指摘したとおりである。

こうして得られた結論、「渡来系が八〇%を占める」の当否は、次章で明らかにするが、その前に、氏の想定した混血集落とはどのようなものかを見ておこう。

弥生時代・朝鮮系集落など存在しなかった

片岡宏二氏は『弥生時代渡来人と土器・青銅器』（雄山閣一九九九）において、この辺りの実像を明らかにしていた。

弥生時代前期後半から北部九州において朝鮮系無紋土器（朝鮮半島で造られたと思われる土器）が玄界灘沿岸に点在する遺跡から出土する。但しその数は一遺跡当り多くて数個程度であり、これらは小規模な交易、土産物、偶然の漂着によってもたらされたに過ぎない、とした。

だがある程度の朝鮮系無紋土器を伴う遺跡もあり、これには二つのタイプがあるという。

その一は、弥生時代前期末に北部九州の弥生人集落の一角に移り住み、一定時間生活した後、弥生集落が存続しているのに消えてしまうタイプである。

「彼らは半島から渡来して間もない集団だったと思われる。また土器製作の担い手は女性であると考えられ、女性を含めた集団でもある（中略）。渡来の動機を探ることは容易ではないが、それが一時にまとまった数をなしているのは、半島側の事情によるものであって、中には流民のような性格のものもいたことを考えておく必要があろう」（110）（前掲書）

このタイプの渡来人とは、弥生時代の人たちに助けられたボートピープルのような存在であり、代表例が福岡市の諸岡遺跡だった。氏は「諸岡タイプ」と名付けたが、このタイプは周辺の弥生集落群のなかで十一ヵ所認められたという。またこの朝鮮系とおぼしき集団の居住区域は、集落エリアの住み心地の悪いほんの一角を占めたに過ぎず、しかも程なく消滅した。

この時代は漢が朝鮮を滅ぼし、紀元前一〇八年に楽浪郡を設置する前後だったから、半島の住民が動乱により日本へと逃れて来たことも考えられる。これが「諸岡タイプ」に見られる形態、氏が「流民」とした人々であろう。

その二は、弥生時代前期末から中期前半、およそ紀元前二〇〇年頃から紀元前一〇〇年頃にかけて、擬朝鮮系無紋土器（弥生土器の影響を受けて朝鮮系無紋土器から変容した土器）が出土する集落の存在である。この代表的な集落が佐賀県の土生《はぶ》遺跡であることから、氏は「土生タイプ」と名付けた。

その数も十ヵ所程度であり、「確実な出土例は現在のところ北部九州にとどまる」(104)、「北部九州の弥生遺跡からすれば極わずかだった。それは渡来人集落ではなく、弥生集落の中に渡来人が居たと思われる程度だった」(104)とした。

「そのように多量の朝鮮系無紋土器・擬朝鮮系無紋土器を出土する集落を、周辺の弥生集落とは異なった渡来人集落と認識することはできない。出土土器の割合はなお弥生土器の方が多数を占めていて、渡来人集落だけで完結した集落を構成しているわけではない。従って、厳密には〝渡来人集落〟はそれが持つ渡来人主体の集落のイメージではなく、渡来人が居住する集落という理解に止まる。そしてその集団が、いまだ伝統的な朝鮮半島の生活様式を保持していることは事実であり、弥生社会の中では特殊な存在であったことには違いないのである」(104)(前掲書)

繰り返すが、弥生土器は日本の土器であり、弥生集落は日本人の居住する集落なのである。次なる氏の見解は、「渡来人がやって来たとき、そこで見たものは縄文以来の人々が営んでいた弥生社会であり、渡来人は彼らに助けられた」なる推測と軌を一にするものだった。

「土生タイプの集落も既存の弥生集落があって、それに依存する形で渡来人が入ってきているようだ。この点は諸岡タイプと同じである。ところが土生タイプの渡来人居住期間は長時間で、他地に移動することなく、弥生人に同化する最後までその地に定着したのである」(108)(前掲書)

詳細は前掲書に譲るが、「一〇〇年後にはこの土器技法も弥生土器文化の中に埋没、土器もろとも同化され、姿を消した」と記していた。

「渡来人集落(渡来人が居住したと思われる集落)が北部九州の弥生社会の中に埋没して行く最

後の段階である。擬朝鮮系無紋土器に見られる伝統的な技法も多くは姿を消す」(11)(前掲書)「土生タイプ」の遺跡からは擬朝鮮系無紋土器がまんべんなく出土することから、かつて彼の地に渡来していた日本人やその関係者が、交流を通じて、或いは動乱を逃れ、出身地集落に戻ってきたのではないか。そして土器は女性が造るというなら、多くの女性も祖先の地に戻って来たはずである。従って彼らは、進んで、容易に弥生社会に同化されていったと思われる。

中橋氏はシナ大陸からやって来た渡来人が爆発的に増えたとしたが、北部九州に残る痕跡は朝鮮系のみだった。今まで誰もが「渡来人は大陸からやってきた」としていたが、それは考古学的根拠を伴わない主張、頭の中で描いた空想としか受け取れなかった。

少数渡来なら甕棺人骨は縄文系になる

処で、篠田謙一氏は『日本人になった祖先たち』の「DNA分析の限界」で、渡来人男性が先住民女性と通婚した場合を想定して次のように述べていた。

「男性の移住者がやって来て、先住者の女性との間に子供を作ったとすれば、その子供が持つ先住者由来のDNAは半分になります。

つまり、顔形は先住者と移住者の中間のようなものになるでしょう。何世代にもわたって男性の移住者がやって来て、その混血者との子孫の女性と婚姻を続けていくとしましょう。

四代目には最初の先住者の遺伝子は一六分の一になるのですから、やがて先住者の遺伝的な形質は殆どなくなってしまうことが予想されます。

処が、常に娘が生まれて子孫を残していけば、母系の系統は絶えないのですから、子孫のｍｔＤＮＡは先住者のものと同じになります。この場合、形質は移住者のものでもｍｔＤＮＡのタイプだけは先住者のものを示すことになるのです。

ですから、ｍｔＤＮＡのみを調べてそもそも形態学に基礎を置いている多様な集団の系統を知ろうとすることは、はじめから限界があることを知っておく必要があります。正確なヒトの拡散の過程を追求するためには、ｍｔＤＮＡとＹ染色体の遺伝子の双方を解析して得られた結果を持って描くことが必要になります」(33)

この考え方を、戸沢氏や諸先生の想定、「ボートピープルの渡来人は年に二〜三家族、パラパラと数十人、男性中心にやってきた」に適用したらどうなるだろう。

紀元前三〇〇年、北部九州に丸木船で渡来人が流れ着き、何人かの男が水田稲作を行っていた集落に拾われた。助けられ、生かされ、言葉も通じない難民が、何故か多くの縄文人女性と関係を持ち、次々に子をもうけていった、となる。

考えづらい想定だが、仮にこのような話しがあったとして、篠田氏の論に従えば、そこで産まれた子供の顔は渡来系と縄文系が半々になる。

その子が長じて縄文系の女性、或いは男性との間に子をもうけたとする。何しろ、渡来系の女性は実質ゼロなので男が産まれたなら縄文系の女性を選ばざるを得ないからだ。こうして四代も続くと、その子孫の形態を決めるDNAの殆ど（一五／一六＝九四％）が縄文系の遺伝子で占められ、世代が下るにつれて縄文系が濃くなって行く。

すると、母から娘へと継承されるｍｔＤＮＡは縄文系になるのは当然として、ヒトの形態を決定する細胞内遺伝子のほとんどが縄文系となる。その結果、子孫の形態は「男女に関係なく縄文系になる」はずである。

仮に、北部九州の縄文時代の人たちが関東の縄文系頭蓋骨と歯を持ち、そこに少数の渡来系形態の男性が流入し、現地女性との間で混血を繰り返したなら、数百年後に甕棺から現れた「人骨と歯」は縄文系になるのではないか。だが中橋氏によると、北部九州への渡来はわずかなのに甕棺人骨の殆どが渡来系だった。これを根拠に「渡来人が増えていった」とした。

おかしいではないか。少数の渡来人男性が圧倒的多数の縄文社会にやって来て、在来の縄文系女性との間に子孫を残していったのなら、そして子が親に似るように、ヒトの顔形や歯の形態が細胞内遺伝子によるなら、数百年後の甕棺人骨はおしなべて縄文系になるはずである。つまり篠田氏が「正」なら中橋氏の見方は「誤」となる。次はこの点を明らかにしたい。

第九章　「Y染色体」が明かす真実

骨や歯からヒトのルーツは決められない

既述の通り、従来は、遺跡などから発掘される骨や歯を基に、縄文人か渡来人かの判別が行われてきた。では分子人類学者はこの形態人類学者の判断をどう見ていたのだろう。

「骨の形態には非遺伝的要素がある。明治・大正時代の人類学者には分からなかったが、昭和の後半に入ると、明治維新以降一〇〇年足らずの間に、日本人の平均身長が大きく増加していることが明らかになってきた。このような変化の主要因は、栄養状態の改善などによると考えられている。

すると縄文時代と弥生時代という、生活様式が大きく変化した可能性のある二つの時代に生きた人々の体型の違いも、環境変化だけで大部分説明できるのではないか、ということになる。縄文時代の末期の人々の平均身長は一五六センチメートルほどであったのが、弥生時代になると一六一センチメートルほどと、ぐっと高くなっている。(中略)

これも鈴木尚の研究成果だが、日本人の頭の形は、一四世紀（室町時代）以降現代まで一貫して前後に長い形から丸い形に変化してきている。(中略) この頭の形は一九世紀以降、長いあいだ人類学では集団の系統関係を議論することに用いられてきた。

しかし、鈴木尚が日本人の中で数百年のうちに頭の形が大きく変化しているという結果を出しただけではなく、なんと世界のあちこちで、短頭化が同じように進んでいる事が知ら

れているのである」（87）（『ＤＮＡから見た日本人』斉藤成也　ちくま新書二〇〇五）

つまり日本人の頭蓋骨は時代と共に変化しており、世界同時変化もあり得るというのだ。分子人類学者、篠田謙一氏も同様の認識を持っていた。

「骨の形態は遺伝的な要因と環境要因が複雑に絡み合って決定されるので、系統や血縁関係を調べる場合には骨形態に現れる遺伝的な要素を注意深く読み取る必要があります。しかしながら骨形態の遺伝様式については不明の部分も多いので、実は骨の形態学的な研究から得られた結論を評価することは、大変に難しいのです。実際に、骨の形態学的な研究から得られた結論と、歯の形の研究から導かれた結論が異なる場合もあります」（5）（『日本人になった祖先たち』）

然らば、生活環境が激変し続ける環境に生きた千年以上離れた人骨を比べ、これは縄文系これは渡来系なる判断に信憑性はあるのだろうか。

「現在では、私たち日本人は、中妻遺跡に埋葬されているような縄文人と、その後の弥生時代になって大陸から渡ってきた渡来系弥生人と呼ばれる人たちの混血によって成立したと考えられていますが、このような学説も基本的には骨や歯の形態学的な調査研究の結果、導

き出されたものなのです」（5）（前掲書）

最近の人類学者は「人骨は変わる」という事実を、形態により縄文系や渡来系と等閑視しているようだ。斉藤成也氏は、このような旧態然とした系統推定を批判していた。

「それらの比較から、人間の系統を推定することが出来るだろうか。それには幾つかの困難が横たわっているのである。あえて厳しいことを言えば、それらの困難を見て見ぬふりをして研究を進めてきたのが、骨や生態の形を比較してきた従来の研究なのである」（136）（『DNAから見た日本人』）

弥生時代以降の人骨を見て、縄文系とか渡来系とかを論ずることは困難であることは、明治以来、一五〇年足らずで私たちの骨格は大きく変わったことからも実感できる。

従って、縄文から弥生へと生活環境が大きく変わって行った時代、五〇〇年とも一〇〇〇年とも言われる空白期を経て発掘された人骨を見比べ、縄文系だ、渡来系だ、と軽々に判断することは出来ない。

骨には「私は縄文人です」、「私は渡来人です」とか書いてない。形態人類学者が勝手に「〇〇系のはずだ」と決めつけているだけなのだ。ならばこの系統判断は、DNA分析によって判断するしかないことになる。

「骨や歯からの系統判断は困難」を失念していた

ヒトの系統研究を行う場合、篠田氏は「遺伝子からの解明」の優位性を確信していた。次の一文がこのことを明らかにしている。

「これに対し、遺物に残された遺伝子の本体であるＤＮＡを直接解析することが出来れば、系統や血縁といった問題に対し（骨や歯からのアプローチに比して　引用者注）比較にならないほど精度の高い情報を得ることが出来ると予想されます」（5）（『日本人になった祖先たち』）

だが氏は、いつの間にか形態人類学者の系統判断に従っていた。つまり、彼らの判断を受け入れ、単に追認する立場をとったのである。

「これらの弥生人は縄文人とは姿かたちが異なっており、朝鮮半島や中国の江南地方から水田稲作をもたらした人たちだと考えられていますので、現在では渡来系弥生人と称されています。渡来系弥生人は最初北部九州に現れ、その後稲作の伝搬と共に全国に広がっていったと考えられています。

私たち日本人は、在来の縄文人の末裔とこれら渡来系の弥生人が混血して成立したと考えるのが、既にいく度か紹介した二重構造論です。ですから弥生時代には大陸から渡ってきた人たちと、縄文時代から日本に住んでいた人たちの少なくとも二つの集団が存在してい

たことになります」(175)(前掲書)
「二つの集団が存在していた」には根拠がない。片岡宏二氏も指摘していたように、弥生時代に朝鮮半島系やシナ大陸系の人々が暮らしていた集落は存在しない。それは弥生集落群の中に、朝鮮系の存在がわずかに認められたに過ぎず、それも百年程度で消滅した。
次いで氏は、形態人類学者の判断に従い、次の遺跡全てを渡来系とした。

「安徳台遺跡は弥生時代中期後半の遺跡で(中略)その形態学的な調査を行った中橋孝博さんによると、北部九州の渡来系弥生人の特徴を備えているということでした」(179)

「隈・西小田遺跡は渡来系弥生人の遺跡です。(中略)遺跡自体は弥生時代前期後半から後期の前半までの三〇〇年間続いたもので、(中略)規模からいっても有名な佐賀県の吉野ヶ里遺跡に匹敵する」(180)

「佐賀県の詫《たく》田西分遺跡は(中略)形態学的な研究から渡来系弥生人の特徴を持つ人と縄文系の系統を引く人々が混在したという報告がされたことがありますが、全体としてみるとやはり渡来系弥生人の集団であると考えて良いようです」(181)

「花浦遺跡の解析も……。この遺跡も佐賀県の有明海側、吉野ヶ里遺跡の北側に位置しています。隣接した二つの甕棺に埋葬されたシャーマンと考えられる二人の女性人骨のＤＮＡが分析されています(中略)」(182)

「唯一、九州以外にあるのが奈良県の大規模な環濠集落である唐古・鍵遺跡です。二体の人骨が出土しており、その内の一体は頭骨が残っていて……渡来系弥生人の特徴を持っていることが明らかとなっています」（182）

「唐古・鍵遺跡を含めた五つの遺跡を渡来系弥生人の遺跡から出土した人骨のｍｔＤＮＡのデータをあわせて、ハプログループの頻度（遺伝子変異を共有する単一集団の割合　引用者注）を求めてみました。（中略）全体では七八個体分のデータを用いることが出来ました」（183）（前掲書）

出土した人骨のｍｔＤＮＡの型を調べ、特定することは分子人類学者の専門分野であるが、「人骨が縄文系か渡来系かは形態人類学者が決めてきた」とはこのようなことを指す。つまり篠田氏は、「食生活が激変し、七～八〇〇年も過ぎたのだから人骨も変化して当然」という考え方を採らなかった。更に次のような分かりづらい操作を行った。

「但し、ここでも同一の遺跡から出た同じＤＮＡ配列は個体数に拘わらず、一人分でカウントしていますので、必ずしも実情を反映しているという確証はありません（中略）。現時点ではどのような結論が導けるのかを示すために、敢えてこの段階で利用できるデータを使って比較してみることにしました」（183）（前掲書）

氏は、吉野ケ里のような大遺跡から多数の同じＤＮＡ配列の骨が出ても一人分、小さな遺跡からたった一人の骨が出ても一人分とカウントした、ということだ。

その結果、氏が提示した縄文人や渡来系弥生人のＤＮＡの型のグラフは、有無が大事であり、頻度は必ずしも実態を表していないことになった。

いわゆる渡来系弥生人とは「縄文人の子孫」だった

篠田氏は、先のようにして求めた渡来系弥生人七八人分、本土日本人一三一二人、関東縄文人五六人分のｍｔＤＮＡを比較し（図―21）、ある結論を導き出した（ローマ字の意味は後述）。

「渡来系弥生人（女性）は本土日本人（女性）に近くなっています。縄文人（女性）と渡来系弥生人（女性）に見られる明らかなハプロ

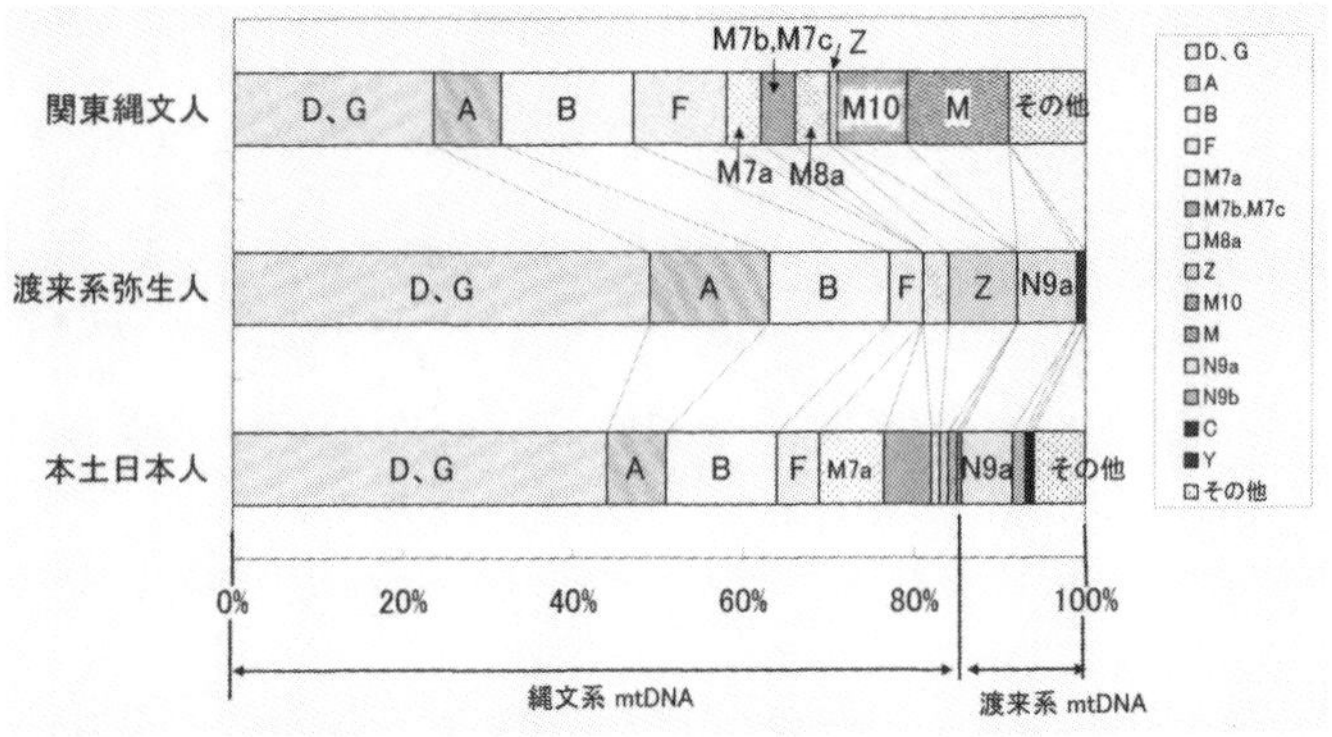

図－21　本土日本人、関東縄文人、渡来系弥生人のmtＤＮＡの種類と頻度（『日本人になった祖先たち』より改変）　本土日本人女性のmtＤＮＡは関東縄文人と渡来系弥生人との共通要素が多い。これらの共通するmtＤＮＡは縄文時代以前から日本列島に流入していたと考えられる。

グループ頻度の違いは、両者が系統を異にする（女性）集団であることを示しています。ともに独自のポピュレーションヒストリーを持っていたと考えられるのですが、このことは更に、現代日本人が在来系の縄文人（男性）と渡来系の弥生人（女性）との混血によって成立したという混血説（二重構造論）を強く支持しています」（184）（『日本人になった祖先たち』）

氏の結論は、ｍｔＤＮＡ分析から導かれたものだから、正確を期すために（女性）と（男性）を書き加えた。すると氏の見方への疑念が炙り出されてくる。

本土日本人女性が渡来系なら、弥生開始期以降にやって来たとされる女性の系統を引いていることになる。そして、宝来氏の処でも指摘したが、混血なら男性は縄文時代の日本男性とならざるを得ない。渡来人同士では混血とは言わないからだ。

ではそれまで日本に住んでいた縄文時代の人々の形態を縄文系から渡来系へと変える程、多くの女性が大陸や朝鮮半島からやって来たのかというと否である。考古学的事実は、その数は〝わずか年二〜三〇人〟だった。

しかも女性は妊娠・出産を経て増えて行くので、そうは簡単に人口は増えない。従って、渡来人の殆どが女性でなければならない。すると男性中心の渡来とした金関丈夫氏や甲元眞之氏の見解、それを支持した中橋氏の論は「誤」となる。

ここに至り、篠田氏は「何かおかしい」と気づいたのか先の見解を翻した。

「かつて金関丈夫が唱えたように、渡来してきた人たちが男性中心の集団であったと仮定すると、彼らは在来の縄文系の女性と結婚して子孫を残すわけですから、渡来系弥生人の社会といえどもｍｔＤＮＡは縄文人の系統を引いたものとなります。

そうなると、実は今回の結果が示す両者に見られる違いは、北部九州と関東以北の地理的な隔離によるハプログループ頻度の偏りを反映した結果を見ているのだという解釈になります」(184)（前掲書）

今度は金関丈夫氏らの論を「正」とし、渡来系弥生人のｍｔＤＮＡを縄文系とした。そうなら「北部九州の渡来系弥生人とはこの地方の縄文人の子孫」となり、先に氏が渡来系とした遺跡の人々も、唐古・鍵遺跡の人たちを含め、縄文時代の人たちの子孫となる。氏は、現在の本土日本人女性も縄文系になると次のように敷衍した。

「北部九州の弥生早期の遺跡から出土する朝鮮系土器は、全体の一割程度だと言われています。しかもそれらの出土するのは玄界灘に面した大きな遺跡からだけで、大部分の弥生早期の遺跡には朝鮮系の土器はないのです。これらの事実から、考古学者は弥生時代早期の渡来人の数を、全体の一割程度と見積もっています。

基本的には多数を占める縄文人の血を引く在来系の住民が、水田稲作農耕と金属器という大陸の文化を受け入れたと考えているのです。

しかし、そうであれば弥生時代にも縄文のハプログループが引き継がれていくことになります。この場合も渡来系弥生人と関東縄文人のＤＮＡの相違は、縄文時代から続く地域差を見ているという解釈になります」(185)（前掲書）

考古学者は、出土した証拠に基づき、「縄文時代から住み続けた人の子孫が水田稲作や金属という大陸の文化を受け入れた」と考えているというのだ。

今にして思うと、篠田氏も、渡来系弥生人とは縄文時代から住み続けてきた人々の子孫としていたのだから、〈形態人類学者〉と〈考古学者プラス分子人類学者〉の判断が対立していたこの時が、形態人類学者から主導権を獲得するチャンスだった。

ｍｔＤＮＡから裏付けられた〝日韓同祖論〟

ここで冒頭に触れた篠田氏の『日本人になった先祖たち』に載っている縄文人と日本人、韓国人の関係をやや詳しく述べておきたい。篠田氏は次のように語り始めた。

「佐賀県の玄界灘に面した大友遺跡は、支石墓と呼ばれる墓に人々が埋葬されていた遺跡です。この支石墓は同時期の朝鮮半島南部に多く見られるもので、北部九州と朝鮮半島の結びつきを示すものと考えられています。

となるとこのお墓に埋葬された人たちは渡来系の弥生人だったと考えたくなるのですが、形態学的な研究からは、彼らは在来の縄文人に似た人々であったことが分かっています。このような弥生時代にあっても縄文人の形質を残した人骨は、大友遺跡だけではなく北部九州の沿岸地域、平戸や五島列島で発見されており、総称して西北九州型弥生人と呼ばれています」(175)

玄界灘に面した新町遺跡に続き、大友遺跡でも支石墓の被葬者は縄文系だった。そして人類学者や考古学者はこの理由が分からなかったという。

「どうして朝鮮半島に起源をもつお墓に在来系の縄文人に似た人々が埋葬されているのか、その謎について人類学者はまだ納得できる説明を見つけてはいないのですが、以前縄文人のＤＮＡを分析したとき、そのヒントとなるかも知れない発見をしました」(176)(前掲書)

氏は縄文人や弥生人と同じＤＮＡを持つ現代人が何処にいるかを、国立遺伝学研究所が運営するＤＮＡデーターバンクを検索して調べた。その結果、次のことが分かったという。

「縄文人・弥生人ともに相同なタイプを多く共有するのは本土日本人でした。彼らは私たちの直接の祖先なのですからこれは当然の結果なのですが、それ以外では朝鮮・中国の遼寧省・山東省といった日本に近い地域の人々と一致が多いことが分かると思います。この中で注目されるのは、朝鮮半島の人たちの中にも縄文人と同じＤＮＡ配列を持つ人がかなりいることです。これまで朝鮮半島と縄文人との関連について考えられることは殆どありませんでした。それは朝鮮半島からは縄文時代に相当する時期の人骨が殆ど出土していないためで、人類学者はその関係を考える資料を持たなかったのです。その結果、これまでの人類学の理論は、弥生時代になって急に朝鮮半島との間に交流が生まれたような印象を与えるものでした。しかしＤＮＡの相同検索の結果を見る限り、朝鮮半島にも古い時代から縄文人と同じＤＮＡを持つ人が住んでいたと考える方が自然です。考古学的な証拠からも、縄文時代の朝鮮半島と日本の間の交流が示されています。縄文時代、朝鮮半島の南部には日本の縄文人と同じ姿形をし、同じＤＮＡを持つ人々が住んでいたのではないでしょうか」(177)（前掲書）

人類学者は骨が出てこないことには何も分からない。だが考古学者は朝鮮半島に残る縄文・弥生遺跡から、多くの日本人が彼の地に進出していたことを確認していた。

そしてｍｔＤＮＡ配列を比べたところ、かなりの韓国人のＤＮＡが縄文人と相同であることから、縄文時代の人たちのＤＮＡは韓国人のＤＮＡプールに大きな影響を与えていたことが判明した。

「ＤＮＡ分析の結果を見ていると、少なくとも北部九州地方と朝鮮半島の南部は、同じ地域集団だったと考えたくなります」(179)(前掲書)

即ち、日本人(女性)と韓国人(女性)のｍｔＤＮＡが縄文人(女性)と相同なのは、縄文時代の人たちが両者の共通祖先だったからだとなる。実際、朝鮮半島の南部にあった縄文集落は弥生集落へと変容して行く。

『弥生時代渡来人と土器・青銅器』(片岡宏二)第四章「朝鮮半島に渡った弥生人」によると、分かっただけでも半島南部の十二の遺跡から弥生土器が出土し、九割以上の土器が弥生土器の遺跡もあることから、縄文時代に続く弥生時代、多くの人たちが引き続き半島南部に進出していたと考えられる(50頁、図―5参照)。

即ち、縄文時代から弥生時代を経て、朝鮮半島で多くの前方後円墳形古墳が発見された古墳時代から百済滅亡までの千五百年以上に亘り、私たちの祖先は日本から朝鮮半島へと進出し、半島南部に根をはり、日本と往来していたのだ。

従って、その時代の私たちの祖先の血が、今の韓国人の血の中に流れ込まないはずがない。

このことがｍｔＤＮＡの相同比較から明らかになったのだ。司馬史観とは裏腹に、かなりの韓国人にとって、〝祖先の国〟とは日本だったのである。

「渡来人の人口爆発」を拠にした危うさ

だが篠田氏は、関東縄文人と北部九州弥生人の人骨の違いを「遺伝子による」として再度軌道修正を行った。

「人類学者は渡来系弥生人の形質は縄文人とはいくつもの点で大きく異なっており、生活の変化だけでは説明できないと考えています。まして、この弥生時代にほぼ相当する時代の中国や朝鮮半島の遺跡からは、彼らとそっくりな人骨が見つかっているのですから、日本に見られる弥生人の形質が、独自に縄文人から変化して形作られたと考えることには無理があります。

弥生の開始期から、この典型的な渡来系弥生人が出現する中期まで、従来の弥生の編年では二〇〇年程度しかありませんので、当初人類学者はかなり大量の渡来を想定していました」(185)（『日本人になった祖先たち』）

平成十九年（二〇〇七）になっても、弥生の開始期、即ち稲作の開始時期を紀元前二―三〇〇年頃としていたのには驚かされた。

縷々述べたように、縄文時代末期に人々は本格的にコメを食べ始めたのだから、千年後の弥生中期、頭骨が所謂渡来系弥生人形質になったとしても不思議はないのだ。
また弥生時代の開始期、日本へやって来た渡来人は〝パラパラと年に二～三家族〟であり、彼らが圧倒的な数の縄文形質人社会に紛れ込んだのなら、その二〇〇年後に甕棺から現れた人骨形質は縄文系になるとは、氏が指摘していたことだった。
この矛盾を解消するため、氏は中橋氏の論考に最後の望みを託したと思われる。

「その後、中橋孝博さんと飯塚勝さんによる人口のシミュレーション研究によって、農耕民である弥生人の人口増加率が、狩猟採集民である縄文人よりも高いことを仮定すれば、最初の渡来者が少数でも数百年で在来系の集団を数の上で凌駕することが示されました。世界中の先住民社会の研究で、一般に狩猟採集民よりも農耕を受け入れた集団の方が、人口の増加率が高いことが示されているので、この仮定には充分な根拠があります」(185)(前掲書)

先に氏は「弥生の開始期から渡来系弥生人が出現するまで二〇〇年程度」と述べていたが、何故か次のようにも記していた。

「最近では弥生時代の開始期が従来の説よりも五〇〇年ほど遡るという研究もあります。

そうであれば渡来系弥生人の人口増加率を更に低く見積もっても、狩猟採集集団の人口を上回ることになります。中橋、飯塚の研究によって、多量の渡来人の流入を仮定しなくても、これまで発見された弥生時代前期後半以降の一万基以上の甕棺のなかに残された人骨が、おしなべて渡来系弥生人の形質をしていることを説明できることが示されたのです」(186)(前掲書)

つまり、従来の編年と実年代を場面に応じて使い分け、「五〇〇年遡る」を中橋氏の想定した「人口増加率の低下」だけと関連づけた。即ち氏は、中橋氏の問題点は「異常に高い人口増加率にある」ことを知っていた。

だが氏は、紀元前一〇世紀、従来の弥生の編年でも紀元前六世紀には、北部九州の人たちが灌漑式水田稲作を行っていたことだけは、知らなかったようだ。知っていれば縄文人が農耕民であることを認めざるを得まい。すると中橋氏の人口増加を支持した根拠、「狩猟採集民である縄文人」が成り立たないからではないか。

この様な「つまみ食い的年代利用」には賛成できない。弥生時代の開始が五〇〇年遡ることを認めるなら、それに基づいて全体像を見直すべきであろう。

先ず、中橋氏の試算開始は、遅くとも縄文晩期、板付遺跡において大規模な灌漑式水田稲作が行われていた紀元前八〇〇年頃から始めなければならない。その頃の人たちは立派な農耕民だったことを北部九州の遺跡が証明しているからだ。

となれば縄文晩期の北部九州の人たちを「狩猟採集民」と規定し「充分な根拠があります」と太鼓判を押した判断は変えざるをえまい。

すると縄文人の人口増加率は〇・一％、司馬等が信じた紀元前五―四世紀頃やって来たとされる渡来人は三・〇％と差をつけた理由は説明できなくなる。同じ稲作農耕民であったのに、縄文時代の人たちだけが繁殖力がないとは言えないからだ。

今や水田稲作開始時期か確定し、分子人類学からも真実が明らかになって来たのだから、修正すべきは修正する潮時ではないだろうか。

結局は崩壊した「渡来人の人口爆発」

最初に本格的にコメを食べ始めた北部九州の縄文人が、咀嚼負荷の軽減により、他の地域に先んじて顔面骨格が変わっていったとして何の不思議もない。或いは元々そのような形態だった可能性も高かった。だが篠田氏は中橋氏の論を信じ、次のように説明した。

「弥生時代の開始期に渡来してきた弥生人が数を増やしていき、その過程で周辺の在来系の人々を徐々に取り込んでいく状態が続いたと考えると話が合いそうです。この状況では、常に多数の渡来系集団のなかに少数の在来系のＤＮＡが取り込まれていくことになるので、渡来系のＤＮＡが主体となって存続していったと考えることが出来ます」(186)(前掲書)

この場面で氏は従来の編年に戻り、司馬的縄文弥生観に添う形でその時代を思い描いたが、実年代が明らかになることでこのパラダイムは崩壊してしまった。遅くとも紀元前八世紀には大規模な灌漑式水田稲作が成立していたのだから、紀元前三世紀頃を想定して「弥生時代の開始期に渡来してきた弥生人が数を増やしていき」なる前提はもはや成り立たない。

片岡宏二氏によれば、紀元前二〇〇年頃、パラパラとやってきた朝鮮系の人々は、圧倒的な弥生集落の中にわずかに認められたに過ぎず、彼らの痕跡も約一〇〇年で消滅した。

そこで篠田氏は、「渡来民とは大陸からやって来た」とし、中橋氏の論に依拠しながら次のように締めくくった。

「弥生時代における大陸からの渡来民は、縄文時代に蓄積したＤＮＡのプールに特に大きな影響を与えました。本土日本の集団は、この渡来系弥生人と在来の人々の混血によって成立していったのです」(204)(前掲書)

氏の結論は宝来氏と同じだが、その論旨は揺れていた。

先ず、ｍｔＤＮＡの分析結果から、渡来系弥生人と本土日本人が似ているとした。すると「渡来人は女性」となり、「日本人の由来は渡来した女性と縄文人男性の混血」となる。だがそれはあり得ないと思ったのか、話しを逆転させ、金関丈夫の推論に従って「渡来人は男性だった、日本人の由来は渡来した男性と縄文人女性との混血」とした。

土器は女性が造るのだから縄文土器が出土しても何ら不思議はなく、日本人男性のルーツは弥生時代の開始時期、今から約二三〇〇年前にやって来たとされる渡来人とした。すると必然的に、関東縄文人と渡来系弥生人のｍｔＤＮＡの違いは、単なる地域差、「渡来系弥生人とは縄文人の子孫」となる。

すると「顔面骨格は食生活の変化、つまりコメを食べることで変わった」となり、鈴木尚氏の小進化論を認めたことになる。またＤＮＡの違いを地域差とすれば、頭骨の形態が違っていても不思議ではない、となる。

これもあり得ないと思ったのか、中橋氏の推論に依拠し、土器編年と実年代を使い分けながら氏のシミュレーションなるものを信じ「弥生時代の開始時期に渡来した少数の人々が数を増やしていき……渡来系ＤＮＡが日本人の主体となって存続していった」とした。

だが水田稲作開始期の実年代が明らかになったことで、縄文系と渡来系の人たちの人口増加率を三〇倍もの差を付け、導き出した中橋氏の推論は破綻したといって良いだろう。

仮に中橋氏の推論が正しいなら、大陸系男性と女性の両方が増えたことになり、土器は女性が造るというならシナ大陸系土器がやがて圧倒するはずであるが、僅かに出土した土器は朝鮮系だった。その土器も日本の弥生土器に取って代わられ、約一〇〇年で消滅した。

つまり〈大陸や半島からやって来た女性が増えた〉の根拠は崩壊したのである。

すると、「日本人男性は渡来系、女性は縄文系」が浮上する。

では「日本人男性のY染色体は中国人や韓国人と似ているか」といえば、それが分からない時代は何とでも言えたが、実は大きく違っていることが確認された。そしてこの事実を篠田氏も認めていた。つまり、日本人男性も渡来系ではなかった。

その結果、中橋氏の論を拠にした氏の推論、「大陸からの渡来民は、縄文時代に蓄積した日本人男性のDNAのプールに大きな影響を与えた」は「誤か偽」となったのである。

現代日本人女性の八〇％以上は縄文系である

では、渡来系弥生人と関東縄文人のmtDNAの違いは「地域差と時間差」であり、何れも縄文人の子孫という考え方に従って、現代の日本人女性はどの程度、縄文時代からのmtDNAを受け継いでいるか推定してみよう。

次のAからZは、現代の本土日本人女性のmtDNAの型のうち、関東縄文人と渡来系弥生人＝西日本縄文人の子孫とに共通するタイプを示す。カッコ内は彼女らがやって来たとされる故地と本土日本人女性に占めるパーセンテージである（232頁、図―21参照）。

A（古い時代、サハリンやカムチャッカなどから南下した集団　七％）
B（太平洋島嶼集団　一三％）
D（中央アジア・シナ・チベット・アジア基層集団　三七％）
F（東南アジアから北上した集団　五％）
G（新しい時代、サハリンやカムチャッカなどから南下した集団　七％）
Z（ヨーロッパ人とつながる集団　一％）

この合計は七〇％となる。更に渡来系弥生人（西日本縄文人の子孫）にはないものの、関東縄文人と日本人女性に共通しているM７a・b・c（沖縄、シナ南部、台湾・東南アジア集団）、M（縄文人との共通タイプ）、M一〇（北方アジア集団）のmtDNAグループ（一四・五％）を加えると八四・五％となるが、これが縄文時代から引き継がれたmtDNAであることは否定出来ない。期せずしてこの数値は、宝来氏の研究から筆者が推定した縄文系の頻度、九五〜七二％のほぼ中央値となった。

残りの一五・五％は、現代日本人女性と渡来系弥生人（西日本縄文人の子孫）や関東縄文系女性に共有されないmtDNAグループとなり、これらは弥生時代以降現代までの間に、それ以外の地から流入した女性がもたらしたｍｔＤＮＡと考えられる。

そして一部の島嶼を除き、東北、東京、東海、北九州、宮崎まで日本本土のｍｔＤＮＡハプログループ頻度は殆ど同じパターンを示しており、篠田氏も次のように述べていた。

「日本本土全体がほぼ均一の集団と考えても良いような印象を与えます。これは長い年月にわたって、本土日本の中で頻繁なＤＮＡの交流があったことを示しているのでしょう」(145)

(『日本人になった祖先たち』)

では「長い年月」をどのように解釈すべきか。それは今から二三〇〇年前ではない。日本列島が大陸と切り離される前から、そしてその後の長い縄文時代を通じてｍｔＤＮＡの各系統は日本に流入しており、人々の長い交流を経て混じり合い、縄文時代の開始時期から現代まで、日本の女性集団に引き継がれていったからこそ均一になったと考えられる。

こうして宝来氏と篠田氏の研究という全く別の研究から、「現代日本人女性の八〇％以上は縄文以来のｍｔＤＮＡを受け継いでいる」という結論が得られたのである。

Ｙ染色体は男性のルーツを表す

身体の設計図である遺伝子の総数は二〜三万個あるといわれ、ｍｔＤＮＡを除いて、細胞の核の中の二三対の染色体内に収納されている。この二三対の中の一対が性染色体と云われるもので、女性は同じX染色体一対なのに対し、男性はX染色体とY染色体から成り立っている。

そして精子と卵子の結合・受精卵がX―X染色体の場合は女性となり、X―Y染色体の場合は男性が誕生する。このように、Y染色体は父親から男子へと継承されてゆく。そしてこの中に多くの突然変異の痕跡が蓄積されていることが予想されていたが、mtDNAの三〇〇〇倍を上回る塩基対からなるY染色体を分析することは容易ではなかった。

だが近年、ヒトのルーツ研究がY染色体研究に移行していった理由を、崎谷満氏は次のように記していた。

「実はDNA多型分析を人類学に応用することは、先ずmtDNA研究者の手で始められた。しかしその後、長期にわたるタイムスパンの追跡にはY染色体分析が適していることが分かり、一〇年ほど前から多くの研究が急速な進歩を示して、今では世界的な人類の移動の歴史がほぼ再現できる処にまでになった」(4)(『DNAでたどる日本人一〇万年の旅』二〇〇八)

また中堀豊氏は、Y染色体は男性だけに伝えられていくことを述べた上で、次のように記していた(『Y染色体からみた日本人』岩波書店二〇〇五)。

「例えば、五万年前に、ある男性に二人の男子ができたとする。二人のY染色体の元になったY染色体は勿論元の男性（父親）のものであり、世代を伝わるうちに何の変化も起こらなければ、二人のY染色体は五万年経っても全く同じものとして伝わっているはずである（中略）。では、ある変化が一人の男性のY染色体に生じるとどうなるか。

その男性からY染色体を受け継ぐ男性は、全てその変化を受け継いでいる。従って、現存するY染色体多型を調べると、途中で起きた変化と、それぞれのY染色体の系統関係が確実に分かるのである」(49)


Y染色体多型とは、突然変異により引きおこされ、個体間に見られるDNA塩基配列の違いである。ヒトによって並び方が違っていたり、一つ多かったり少なかったりすることも含み、この違いを比べることで系統を追って行くことができる。だが多型を産み出す突然変異が、何時起きたのかは正確には分からない。Y染色体は人骨から採取できないから、系統は分かっても何時起きたかは推測に頼るしかないのだ。

それでも近年、現在の世界中の男性の持つ系統関係はかなり詳細に分かってきたという。そして二〇〇二年に世界の学者が集まり、共同研究機関でY染色体グループの標準化がなされ、各グループ名が決まり、系統樹も作成された（図—22）。

その結果、最も古いアフリカのA、B系統からR系統まで一八系統に大分類され、その下に

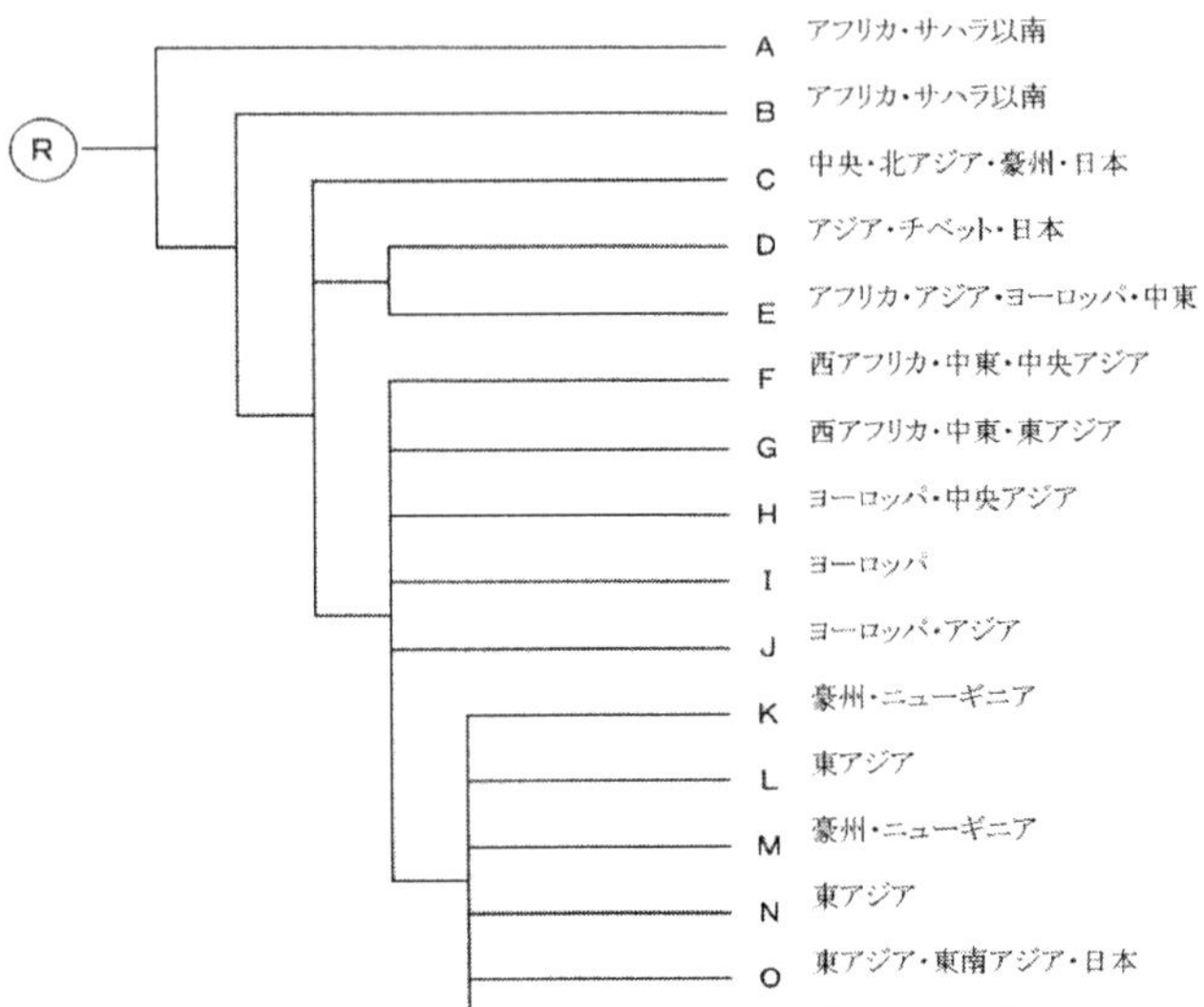

図－22　Y染色体DNA系統分岐・分類（『日本人になった祖先たち』及び「日本人のDNA系統分析の特徴について」HPより作成）　この分岐・分類図から、アフリカから旅立った集団は、ごく少数であり、それが断続的に行なわれた。また、各定住地からも少数集団が各地に分岐・拡散していったと考えられる。

一五三の亜型（ハプログループ）が定められた。また、最も古い男性＝Ｙ染色体の共通祖先は約九万年±二万年ほど前に誕生し、その起源はアフリカということが突き止められ、各ハプログループの分岐の形もｍｔＤＮＡの系統図と良く似たものとなった（図―23）。

ｍｔＤＮＡとＹ染色体という全く異なるＤＮＡを用いた研究から、ほぼ同様の結論が出たことで新人のアフリカ起源説は確定し、同じルートでアフリカから世界へと拡散していったと考えられるようになった。では日本人男性のルーツをどう考えたらよいのだろうか。

縄文人が日本人男性の基層にあった

中堀豊氏は、分子人類学者の限界を次のように記していた。

「縄文人と弥生人について話しをしているが、私自身が縄文系と弥生系というような分類が出来るわけではなく、先生方（形態人類学者　引用者注）の話にあわせて考えると、私が扱っているＹ染色体ではこちらが縄文系、もう一方が弥生系と考えられるということで、それ以上の判断根拠は持たない」(63)（『Ｙ染色体からみた日本人』岩波書店二〇〇五）

つまり縄文時代の人骨のｍｔＤＮＡは紛れもなく縄文人のものだが、縄文時代から弥生時代への移行期では、形態人類学者が、ある人骨を縄文人、といえばそのＤＮＡは縄文系となり、

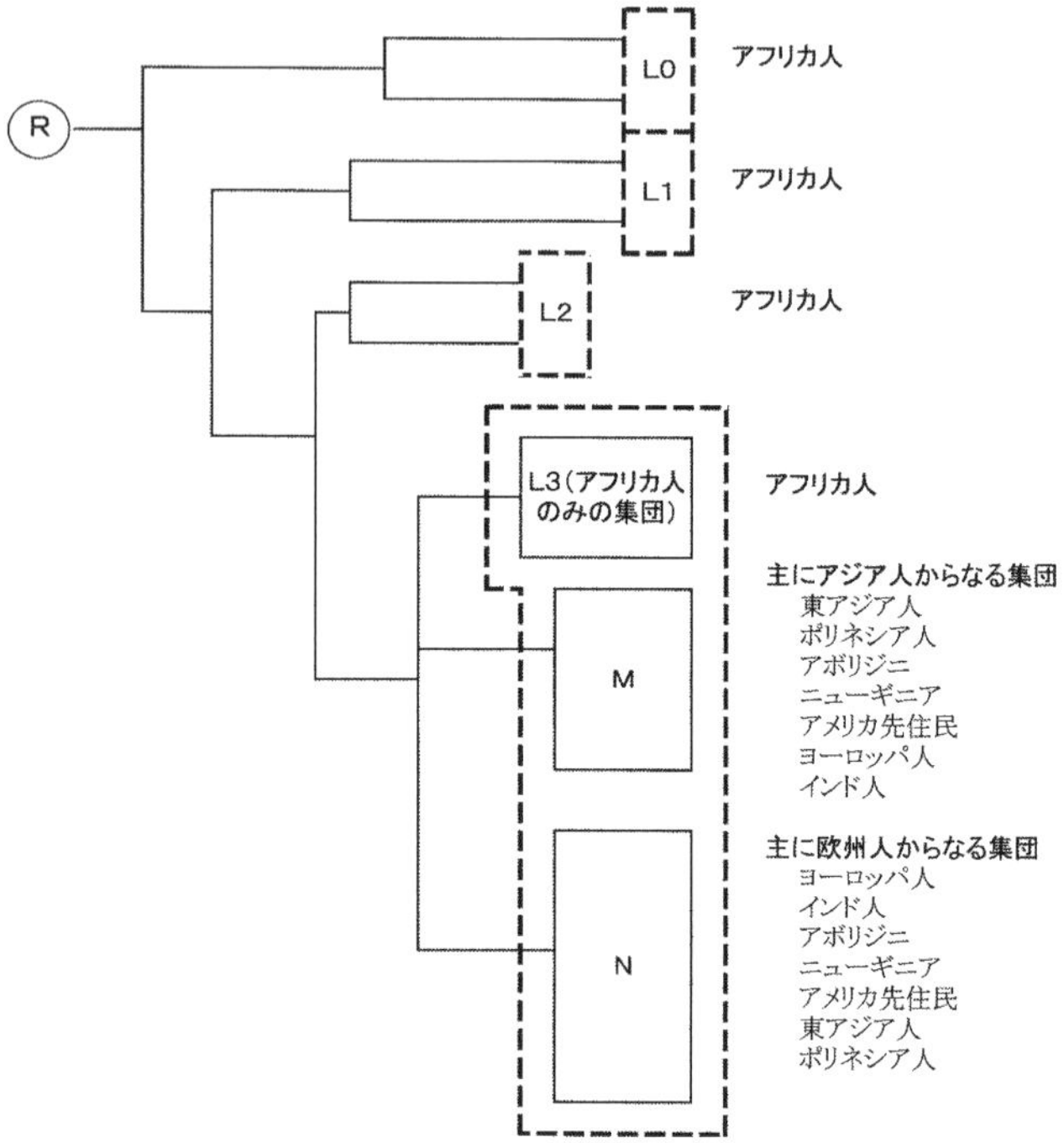

図－23　mtＤＮＡの全塩基配列を用いた系統樹（『日本人になった祖先たち』を改変）　人類は４つのグループに分かれる。黒人、白人、黄色人種ではない。

渡来系、というとそのmtDNAは渡来系となる、と言うことだ。
そして氏も、歴史教科書的、司馬・山本的縄文・弥生観の影響下にあったことが次の一文から分かる。既に謬説となった昔ながらの定説が、ここでも誤解の源となっていたのだ。
「一万年より以前に既に日本列島にあまねく広がっていた原日本人が縄文人で、二三〇〇年くらい前から飛鳥時代にかけて朝鮮半島経由で流入した渡来人が弥生人である」（64）（前掲書）
その結果、Y染色体の系統樹においてC，D系統の分岐年代が古く、O系統が新しいことから、Y染色体の分析結果を次のように解釈した。
「ハプログループCとハプログループDが日本における縄文系のY染色体、ハプログループOが弥生系のY染色体と分類してほぼ間違いない」（80）（前掲書）
その上で、「高々二三〇〇年前、渡来人が日本に押し寄せたのなら、最初の上陸地点は北部九州辺りであろうから、福岡ではY染色体系統樹の弥生系・O系統の男性が多く、東日本ほど少ない」と想定し、この仮説を立証するために、長崎、福岡、大阪、金沢、徳島、神奈川、札幌の男性のY染色体多型の頻度を比較した。処が氏の推論は見事に外れたのである。（図―24）

「縄文人がいるところに、朝鮮半島経由で弥生人が流入して西から徐々に広がって行ったとすれば、地理的勾配があるのが当然と考えられる。ところが都会だと何処でも一対一か、少しだけ弥生人が勝っているという状況である。何故一対一なのだろうか」(81)(前掲書)

更に、地理的勾配に着目すれば分かるとおり、氏が縄文系としたC，D系統の割合は、福岡男性が四七％であったのに対し、最小が神奈川の学生で四〇％と逆転していた。

仮説が中らなかったのは、想定が違っていたからだ。弥生時代から奈良時代にかけて日本にやって来たとされる渡来人の影響は、その人数であれ、人口増加であれ、大きくなかったからこそ、氏が渡来系としたY染色体のO系統頻度は、日本中何処でもほぼ均一、と考えざるを得ない。

これはｍｔＤＮＡのＤ系統分析からも類推できる。(図―25)

今から二三〇〇年前、北部九州にやって来た渡来人が爆発的に増え、その地方を埋め尽くし、東に向かって広がっていったのなら、渡来系とされたＤ系統の頻度は、青森に比べ福岡の方が遙かに多くなくてはならない。だが篠田氏によるとｍｔＤＮＡのＤ系統頻度も逆転していた(福岡三四％、青森四〇％『日本人になった先祖たち』144)。

つまり、「ｍｔＤＮＡのＤ系統は二三〇〇年前に渡来人が持ち込んだものではなく、縄文時代から日本各地に存在していた」と解釈するほかない。篠田氏もはじめは次のように記していた。

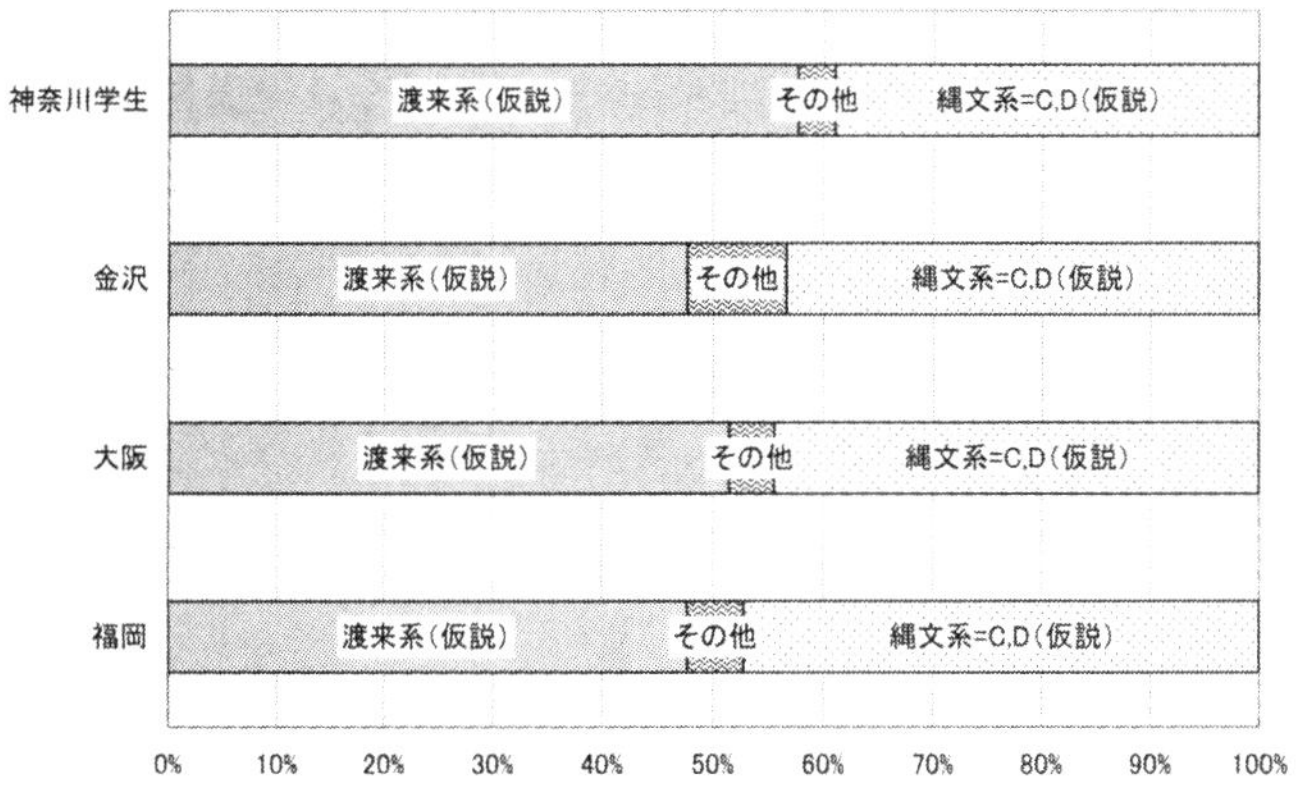

図－24　縄文系・渡来系とされるＹ染色体の地域別頻度（『Ｙ染色体からみた日本人』を改変）2300 年前、北部九州に渡来人が押し寄せたとしたら、日本人男性のＹ染色体は北部九州ほど縄文系が少なく、渡来系が大きな頻度となるはずなのに、実際は逆の傾向にある。

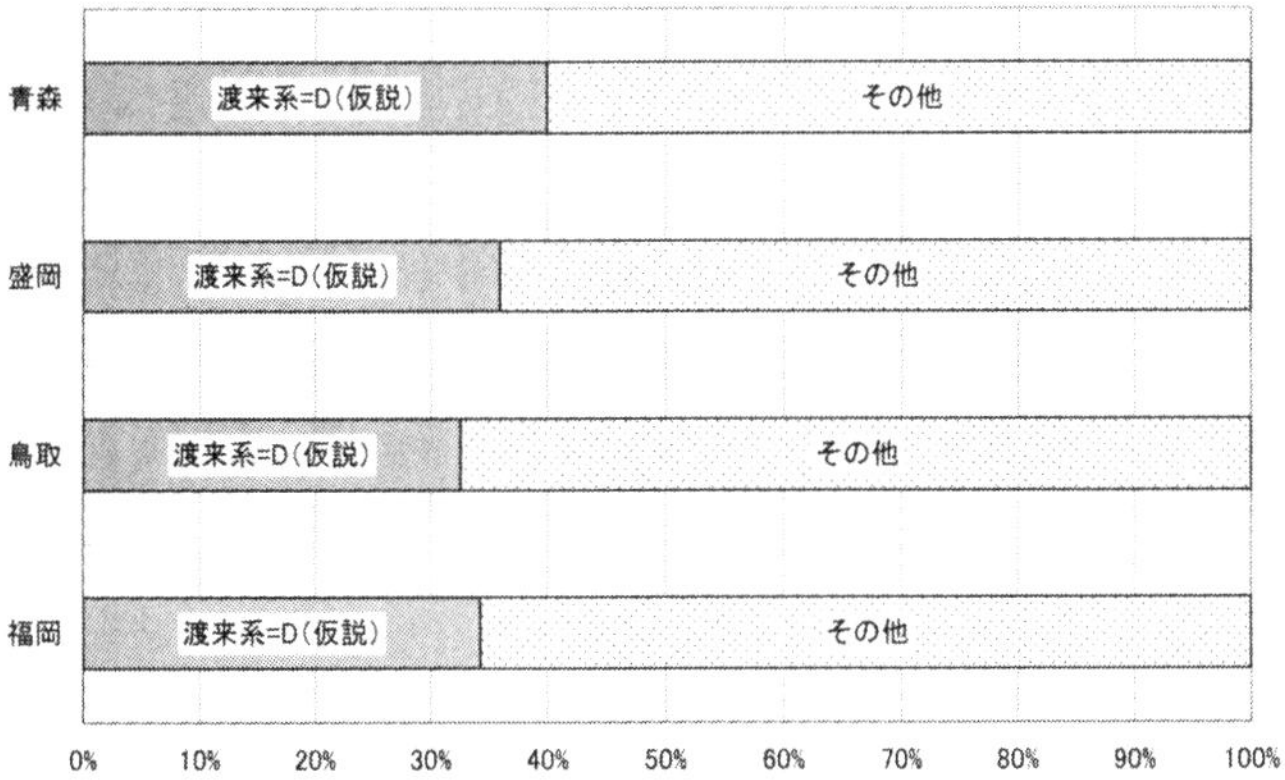

図－25　縄文系とされる mtＤＮＡの地域別頻度（『日本人になった祖先たち』を改変）2300 年前、北部九州に渡来人が押し寄せたとしたら、渡来系とされる mtＤＮＡ多型は北部九州ほど多くなるはずなのに、そのような傾向は見られない。即ち、北部九州への「女性の大量渡来」なる仮説には合理的根拠が見当たらない。

「地域におけるｍｔＤＮＡハプログループ（遺伝子変異を共有する単一集団　引用者注）構成は、地域集団が言語集団として分化する以前に、既に原型が出来上がっていたのでしょう」（134）（前掲書）

同様に「Ｙ染色体構成も、地域集団が言語集団として分化する以前に、既に原型が出来上がっていた」はずである。日本語の形成は今から六〇〇〇年以前に遡ると考えられているが、それ以前に日本人集団の原型が出来上がっていたというのだ。

斉藤成也氏は、日本人男性の遺伝的特性と時間との関係を次のように説明していた。

「Ｙ染色体のYAP（＋）（ハプロタイプＤ　引用者注）や融合遺伝子のように、日本列島ではかなりの頻度で存在しているが、その周辺では殆ど見つからない遺伝子が存在することは、三〇〇〇年前以降という、人類進化の時間的スケールでは〝最近〟に属する頃に、縄文時代の人々から弥生時代の人々に集団が〝置換〟したという考えを否定するものだ。何故なら、置換を仮定すると、日本列島に特異なタイプは、置換した後に生じたと考えなくてはならないからだ。しかし、これは殆ど不可能である。（中略）結局、この突然変異はもっとずっと古い時代、おそらく縄文時代かそれ以前に出現したと考えた方が良いのである」（105）（『ＤＮＡから見た日本人』ちくま新書）

こちらの話しなら良く分かる。縄文時代の男性が今の日本人男性の基層にあり、そこにパラパラとやって来た渡来人のDNAが僅かに影響を与えただけなのである。

日本人男性遺伝子の約九割は縄文由来だった

では周辺諸国のY染色体との比較に於いて、どのようなことが想定されるか考えてみよう（図—26）。尚、カッコ内の数値は、現在の日本人男性に占めるY染色体各系統の割合を示す。

C系統（約9％）は、モンゴルに高い頻度で現れる系統であり、古い時代に日本に流入していたと考えるべきである。これは弥生時代の開始期以降にやって来たものではない。

D系統（約34％）は、日本に於いて古い時代か

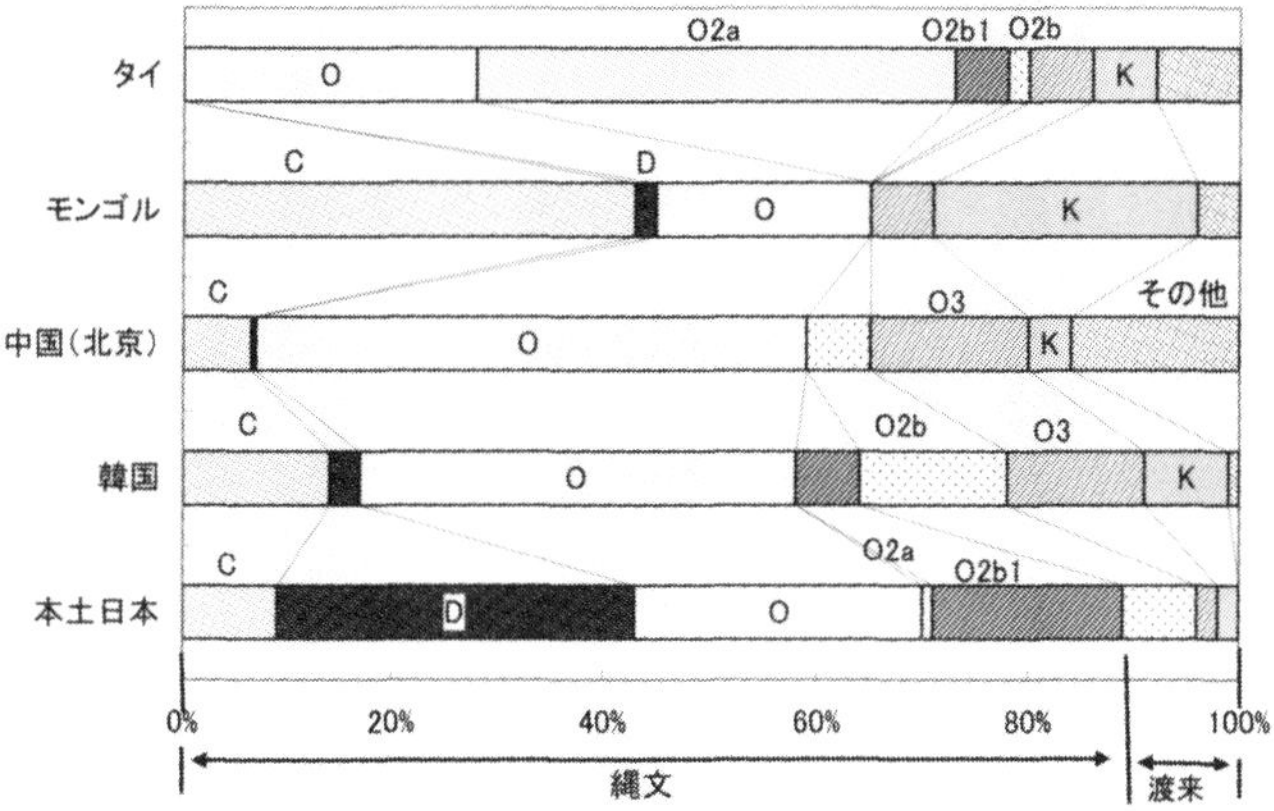

図－26　日本及び周辺地域のY染色体頻度（『日本人になった祖先たち』を改変）
日本人男性のY染色体頻度は近隣諸国と大きく異なっている。この分析結果は弥生時代以降に大勢の渡来人男性がやって来たとか、彼らの子孫だけが増えていったなる考え方を否定している。

ら存在していたY染色体の型である。

K系統（約2％）は、モンゴルに高い頻度で現れる系統であり、古い時代に日本に流入していた可能性が残るものの、韓国で8％程度存在するので、これは弥生時代の開始期にやって来た可能性もある。

O系統（27％）は、弥生時代の開始期に朝鮮半島を経由してやって来たものとする向きもあるが、実はモンゴルやタイにもかなりの割合で分布している。従って、この系統は古い時代からアジアに広く分布していたと考えるべきである。

O2a系統（約1％）は、近隣諸国に見当たらず、タイの最大系統ということは、これは弥生時代の開始期にやって来たものではない。

O2b系統（約7％）は、韓国に最大13％程度存在するので、彼らとの交流の結果日本に流入した可能性が高い。

O2b1系統（約18％）は、日本が最大比率であり韓国に6％程度存在するものの、北京ではゼロである。従って日本から韓国に流入していった系統である可能性が高い。

O3系統（約2％）は、タイから韓国までアジア各地にくまなく広がっているものの、韓国や北京で13％程度存在するので、これは弥生時代の開始期以降にやって来た可能性がある。

この多様性は、縄文時代以前から各方面から様々な人たちが日本へと流入し、日本民族を形成してきたことを示している。これらの推定から日本人男性の縄文系比率を想定すると、それは、Ｋ系統、Ｏ２ｂ系統、Ｏ３系統を除く各系統の合計89％となり、弥生開始期以降に日本に流入したＹ染色体は残りの11％と推定される。

私たちの記憶の限りに於いて日本は、異民族に征服されたり、民族虐殺を伴う惨劇など経験したこともなかった。縄文時代以降、日本民族を圧倒するような移民もなかった。従って、日本には古くからのＹ染色体がその基本形を保ったまま現代まで連綿と続いていると考えて良い。これは日本とユーラシア大陸、朝鮮、中南米、南北アメリカなどの歴史の違いを思い起こせば、誰にでも了解される常識的な結論となっただけであった。

遺伝子パズルを解く

先に篠田氏はｍｔＤＮＡ分析から、「渡来民は縄文時代に蓄積した日本人のＤＮＡのプールに大きな影響を与えた」としていたが、Ｙ染色体分析の結果を見て次のように判断してもいた（257頁、図—26参照）。

「ｍｔＤＮＡのハプログループ頻度が日本と朝鮮半島、中国東北部で良く似ていたのに対し、Ｙ染色体のそれは大きく違っています」（195）（『日本人になった祖先たち』）

では、日本人男性のＹ染色体は韓国人や中国人（北京）とは大きく異なり、しかも遺伝的に遠く離れた関係にあるのに、日本人女性のｍｔＤＮＡは類似し、近いのは何故か。この一見相矛盾する男女の遺伝子分析結果を基に、既に検討した各論を洗い直してみたい。

先ず、埴原氏の唱えた「一〇〇万人渡来説」が正しく、弥生時代の開始期から奈良時代にやってきた渡来人が日本人の九割を占めていたなら、日本人のＹ染色体が北京や韓国のＹ染色体に類似して良いはずである。

だが日本人には東アジアではわずかしか発見されないタイプＤが最大頻度で存在し、各遺伝子グループ頻度も大きく異なることから、埴原氏の論を「正」とする根拠は消えてしまった。

鈴木隆雄氏の「渡来系弥生人と先住系縄文人の間に入れ換えに等しい急激な変化があったとしか思えない」も見当外れだった。それが事実なら、日本人男性のＹ染色体に、中韓の男性に僅かにしか見られないタイプＤが、最大頻度で存在することが説明できない。

次いで、宝来聡氏の「本土日本人の遺伝子プールの大部分は弥生時代以降のアジア大陸からの渡来人に由来する」なる研究結果も「誤か偽」が確定した。Ｙ染色体のグループ頻度は大きく違っており、併せて、ｍｔＤＮＡのみから、男性を含む日本人全体のルーツを類推することは出来ないことも証明された。

仮に、中橋氏により提唱され、篠田氏が「十分な根拠があります」として支持した推測、「今から二三〇〇年前にやって来た少数の渡来人の子孫が選択的に増え、日本人の八〇％以上を占めるに至った」が正しいなら、渡来系と信じられているＹ染色体のＯ系統やＯ３系統頻度も、中国人（北京）や韓国人に近くなって良いはずである。

だが日本人と中国・韓国人とのＹ染色体は大きく違っていた。その結果、中橋氏の信じた「渡来人男性が日本人男性の祖先」なる論も「誤か偽」が確定した。

では女性だけが、大陸から日本へと渡来したのかといえば、これも何の証拠もないことから、関東縄文人と北部九州などの渡来系弥生人のｍｔＤＮＡの違いは「単なる地域差」とした篠田氏の判断が正しかったことになる。

つまり、中橋氏の論に依拠して想定した、「常に多数の渡来系集団のなかに少数の在来系のＤＮＡが取り込まれていくことで、渡来系のＤＮＡが主体となって存続していった」(186)なる判断は失当となった。

すると頭骨の形態の差は、千年を上回る食生活の変化によるか、或いは元々そのような形をしていた、とならざるを得ない。鈴木尚氏の実証研究は黄泉がえり、形態人類学者により「渡来系」とされた縄文抜歯を行っていた女性も、縄文時代から続く人たちの子孫となった。

最後に篠田氏は、Ｙ染色体に関し次のように時代解釈を行った。

「渡来人が縄文時代から続いた在来社会を武力によって征服したのであれば、その時点でハプログループDは、著しく頻度を減少させたでしょう。これだけの頻度でハプログループDが残っているのは、縄文・弥生移行期の状況が基本的には平和のうちに推移したと仮定しなければ説明できません」(200)(前掲書)

しかし日本人男性にハプログループDが残っていることと、平和云々とは関係ない。考古学から得られる事実を直視すれば、弥生時代の開始期以降の日本は決して平和ではなく、戸沢氏が言及したように多くの戦いが起きていた。環濠集落や人骨に残された傷跡がその根拠となっている。だがその戦いは、戦国時代のような同じ民族同士の戦いであった故に、Y染色体頻度に影響を与えなかったと考えられる。

結局は篠田氏の「地域におけるmtDNAハプログループ構成は、地域集団が言語集団として分化する以前に原型が出来上がっていた」なる考えが、Y染色体にも当てはまり、縄文時代の人たちのDNAが「弥生時代から現代まで継承された」が当を得ていたことになる。

ここで導き出された結論とは、「私たち日本人の主な祖先は一万年以上にわたり日本列島の主人公であり続けた縄文時代からの人たちだった」という何の変哲もないものとなった。

多くの教育者、学者や作家、研究者、知識人、マスコミ業者が喧伝してきた「弥生時代の開始期に多くの渡来人がやってきた」や「渡来した僅かの渡来人が爆発的に人数を増やし、日本人の中心となった」は「誤か偽」となったのである。

ではこの結論は筆者の独断かと言えば、必ずしもそうではない。

国際的に活躍してきた著名な分子生物学者・ペンシルバニア州立大学の根井正利氏は、平成五年（一九九三）に京都で開催された『現代人の起源』に関する国際シンポで日本人のルーツに関する研究成果を発表した。

それは「日本人の祖先は約三万年前に北東アジアからやって来た。そして弥生時代以降に渡来した人たちは、現代日本人の遺伝子プールにほとんど影響を与えなかった」というものだった。斬り口は異なるものの、同様の結論になったことを付け加えておきたい。

最後の謎解き―東アジアの歴史とＤＮＡについて

日本のように、先史時代以来、私たちが知りうる限りにおいて、外国勢力に征服されたり大量移民を受け入れたりしたことのない国では、古くからのＤＮＡがほぼそのまま残っていると考えて良い。大きく変わる理由がないからだ。

縄文時代以前から日本に存在していたY染色体のD系統が、今も残っていることが証左である。では何故、韓国人のY染色体は中国人（北京）に近くなったのかを考察してみよう。

不幸なことに朝鮮民族は、度重なるシナ、モンゴル、満洲族などの侵略により戦乱に巻き込まれてきた。この時、朝鮮半島で何が起きたのか。

嘗てユーラシア大陸を制覇した元帝国の版図では、チンギス・ハンに由来するY染色体DNAを持つ男性は、男性総人口の約八%、およそ一六〇〇万人と推定されているとのこと。つまり、多くの被征服民族の男性は奴隷になったり殺されたりしたが、女性は同じ運命を辿ることなく生き延び、征服者=男性の子を産んだということだ。特に征服者の長は、勝者の長として多くの女性に子を産ませたことが分かる。

或いは、多くの動物のように、女性とは勝者としての男性に群がる本能があるのかも知れない。どうせ子孫を残すなら、ろくでもない雄よりも、能力のある、勝者の雄の子孫を残したい、そんなところか。

他民族に何度も征服された朝鮮半島でも同じようなことが起きたのではないか。古くからユーラシア大陸の諸民族の作法、シナ人やモンゴル人が世界各地でやってきたように、被征服民族の男性を虐殺した後に、残った異民族女性に子供を産ませてきた、そのようなことが朝鮮半島で起きたことがY染色体のDNA構造から想像出来る。

これは単なる想像ではない。今も中国人に征服された内モンゴル、チベット、ウイグル民族の多くの男たちが殺され、遺された女性は征服者である中国人男性のものとなり、彼女らの意志に関係なく、或いは勝者が輝いて見えるのか、混血児を産んできたからだ。

敗戦後の、日本人女性の変容、大和撫子がパンパンになり、それをなじる日本人男性に「フン、負けたくせに」と吐き捨てた言葉が、女性の本質を表しているのかも知れない。

それはさておき、こうして朝鮮人男性のY染色体は、世代を重ねる毎に次々とシナ人やモンゴル人、今は亡びた満洲人男性の持つY染色体に置換され、やがてかなりの朝鮮人男性のY染色体は、征服者のそれと入れ替わったと推定される。

今の韓国人のY染色体はモンゴル人のC系統（一三％）やK系統（七％）、中国人（北京）のO系統（四〇％）頻度が高くなり、征服者に類似した系統頻度を持つに至っているからだ。

そして最近半島南部から相次いで発見されてきた遺跡から、縄文や弥生時代の人たちが日本からこの地に進出していたことが明らかになり、分かっただけでも東アジアで日本人特有のD系統、O2b1系統が韓国人のY染色体に影響を与えていることが明らかにされた。


序に、東アジアの女性のmtDNAが似ている理由を考察する。

おそらく東アジア地域では元々類似のmtDNA構成だったのではないか。そして例えば、南米の先住民に流入している西洋人のY染色体は、mtDNAに比べて六〜九倍もの高率であるように、女性が大虐殺されることは希で、彼女らは征服者の男性との間で子供を遺して行くことで生存が保証されたと思われる。

つまりＹ染色体は被征服民族の中に大量に流入するが、被征服民族のｍｔＤＮＡは次世代へと伝えられていく。その結果、男性のＹ染色体は入れ替わるが女性の系統構造は大きくは変わらない。これが日本人と韓国人、更には中国の山東・遼寧の人たちのｍｔＤＮＡが似ている理由であろう。

そして朝鮮のように、長い間、自国の女性をシナの宗主国に献上してきたという悲しい歴史を持つ民族のｍｔＤＮＡは、逆に守られやすくなる。異民族の女性を拉致でもしない限り、外部から新たな女性の流入が途絶えるからだ。

ここに至って一応の謎解きが終わった。ｍｔＤＮＡとＹ染色体の特徴と歴史的事実とが整合し、統一的理解に至ったからである。

第十章　言語学から辿る日本人のルーツ

言語学からのアプローチの重要性について

日本列島は、アフリカを旅立った多様な人々が再び邂逅した地だった。氷河期も終わり、今から一万数千年前に日本列島が大陸から切り離されたとき、一時的に人の流入は途絶えたであろうが、それでも人々は船に乗って日本へとやって来た。これらの人々のDNAが、私たちのY染色体やmtDNAに受け継がれている。

遠い昔、各地から日本へとやって来た人たちは、小集団間で通用する言葉を使っていたであろうが、一万年に及ぶ交流の過程で次第に共通言語が醸成され、意思疎通をはかっていったと思われる。こうして形成された日本民族の祖先、縄文時代の人たちの行動範囲は広く、日本列島全域をカバーし、朝鮮半島から場合によっては大陸にまで及んでいたと考えられている。

処で、NHKの『はるかな旅』シリーズは言語学からのルーツ研究を欠落させが、民族のルーツを辿るには言語からのアプローチが不可欠である。

例えば、同じ様式の土器が離れた地域で発見された場合、次のような可能性が考えられる。

①多くの人が移動すれば、その社会的・文化的習慣を伴って移動するに違いない。従って、土器の移動は民族の移動の根拠たり得る。

②だが人は交流を通じて他民族の社会的・文化的習慣を取り入れることもある故、土器製作技法を取り入れた可能性も否定できない。

③またヒトは創造する生物なので、創意工夫し、独自に造りだした可能性も残る。

土器に限らず、ある社会的・文化的要素が異なる地域で発見された場合、それのみでは、①〜③のどれなのかを判断することは難しい。

例えば、法隆寺の中門と金堂を支える円柱は中程が少し膨らんでいる。そしてこの柱の様式は古代ギリシャから伝わったされるが、本当にそうなら、伝達の中継地であるガンダーラやシナ大陸や朝鮮半島に見られても良いのに、その様な柱は発見されていない。

かつて筆者も、和辻哲郎の『古寺巡礼』を読み、ギリシャの建築様式が日本にまで影響を及ぼしたのか、と信じたが、そうではなく、日本独自で作り上げた③だった。何しろ、エンタシスと呼ばれるこの柱は、下部より上部が細くなっており、日本の様式とは異なる。しかも古代ギリシャ語が、日本の建築用語のなかに取り入れられていることなどないからだ。

また明治以降の西欧化とは、②と③、その様なものだったことは明らかである。

だが、先史時代である縄文から弥生時代への変化は、①〜③の可能性があり、さしたる証拠がないにも関わらず、今までの支配的な見解は①だった。仮に①が事実なら、多くの学者が探し求めて来たように、日本語と大陸や半島の言語と何らかの関係があって然るべきである。

私たちの日常経験からは別言語である彼らの言語も、専門家から「同系統の言語」との判断が下されれば、日本語が彼らの言語的影響を受けたことを認めざるを得ない。すると先史時代を含む歴史のある時点で、彼の地から多くの人々がやって来たり、その言語を使う人々が選択的に増えたり、彼らが日本の主人公になったことを否定できなくなる。

今まで多くの学者や所謂文化人、作家、マスコミ業者、教育者が信じてきたように、仮に日本人の主たる祖先が渡来人とすれば、今日、ヨーロッパ人、ロシア人、中国人に征服された諸地域から類推されるように、先住民の言語は消え去り、征服者の言語が共通言語となる。それ程ではないにしても、主導的地位を失った先住民の言語は表舞台から消え去り、マイナーな言葉として生き残るか、単語が混入する程度の影響しか与えないことになる。

従って、一万年以上にわたり日本列島を「俺たちの版図だ」と言わんばかりに活躍し、縄文語を話していた縄文社会に、今から高々二千数百年前に大陸から大勢の人々がやって来て、或いは彼らがこの地で人口を増やし、大多数を占めるに至ったのなら、私たちの国語・日本語と近縁な言語が東アジアの何処かで見つかっても良いはずである。

具体的には大陸や半島であろうが、それらの言語と日本語が近縁関係にあれば、そこを故地とした渡来人の影響は否定できなくなる。そうなると日本人と彼らに共通なY染色体（O系統）を持った人々が弥生期にやって来たことも否定できなくなる。言語の系統関係と民族のルーツは大いに関係があるからだ。

だが私たちの経験からは、日本語と中国語（北京語、広東語、上海語など）や朝鮮語との共通性を感じることはない。何しろ一切通じないのだ。それればかりか彼らの言葉に親近感を感じることはなく、単に騒がしく、耳障りな上、響きが不快ですらある。

だから学者、作家、考古学者、人類学者や教育者が「日本人のルーツは半島だ、大陸だ」といくら叫んでも、多くの人にとって実感が湧かないのは当然であろう。では本当の処はどうなのか、「生ける考古学」ともいわれる言語の斬り口から、日本人のルーツを検証してみたい。

朝鮮語とは〝全く別系統の言語〟である

系統言語学とは、各民族の言語の比較研究や歴史の流れから言語のルーツを探ろうとする学問である。そして「百万人渡来説」、「縄文人絶滅」、「渡来人に乗っ取られた」や「渡来人の人口爆発」などの論を静かに、そして決定的に打ち砕いたのがこの系統言語学だった。

実は『日本人とは何か　上』（山本七平　ＰＨＰ）も言語のルーツに触れていた。

「では縄文人はどのような言葉を話していたのであろうか。これが日本語の基本になり、従って日本語は少なくとも一万年の歴史があるわけだが、国立民族博物館・崎山理氏は、日本語とは系統未詳言語である、と定義されている。

このように言語の歴史が長いと、いくつかの言語の混合が起こっても不思議ではない、そしてこれまでの系統論では、言語混合という現象をまともに取りあげなかったのが系統未詳とされる理由であるとする。勿論いくつかの仮説はあるが定説はまだ無いと見て良いであろう」(34)

氏が数ある言語学者の中から、崎山氏を選んだのは〝さすが〟であったが、この一文からは「日本語は少なくとも一万年の歴史がある」以外には何の知見も得られなかった。

その一〇年後、崎山氏はどの様に考えるに至ったのか、この辺りを『日本人のルーツ』【日本語のルーツ「縄文語」は五千年前に誕生した⁉】から追ってみよう。

「日本語のルーツを探ることで日本人のルーツが分かるかと聞かれたら、その答は難しい。何故なら、現代社会に於いても民族を分類する最も重要な要素は言葉ですが、ある言葉は、他の言葉、つまり民族を吸収、同化してしまうことがあるからです。

その意味では日本語が誕生した瞬間が日本人の始まりと言えますが、日本人の人種的ルーツとはまた別の問題でもあるわけです」(140)

ヒトはみなアフリカに行き着くから人種は大した話しではない。要は「日本語の誕生＝日本人の始まり」が重要なのだ。次いで氏は言葉のルーツを探る手法の説明に移った。

「言葉のルーツを探るとき、最も重要なことは、その周辺地域で連鎖的に使われている言葉の系統を調べることです。言葉の系統というのは、人間に喩えれば家族、血がつながっているということですが、その最も大きなグループの単位が語族です。語族の中に更に分家のように語派があって、その下に語群がある。

こうした言葉の系統の研究が始まったのは、インド・ヨーロッパ語からで、現代語の英語、ドイツ語、フランス語などの比較からもそれが分かります。但しこれらの言葉の研究で、非常に都合が良かったのは、現在まで古典語の言語資料が豊富に残っていることです。（中略）インド・ヨーロッパ語は、そうした古い時代から、民族の移動と共に少しずつ変化しながら幅広い地域に広がって行ったのです」(140)（前掲書）

インド・ヨーロッパ語族には、紀元前四、五千年頃に使われていた楔形文字を用いたヒッタイト語、サンスクリット語、ラテン語、古典ギリシャ語などが遺されており、民族移動に伴い言語も移動し、各民族の言語に流入民族の言語的痕跡を残し、相互に影響を及ぼしながら広がっていった。これらの系統研究には古典資料が不可欠というが、日本語のルーツ研究のための古典資料は整っているのだろうか。

「幸い日本には奈良時代に膨大な文献があり、これを私たちは上代日本語と呼んでいます。これを足がかりにして、日本語の系統を考えることが出来るのです。その他、豊かな方言を持っていること、その研究が進んでいることなども系統研究には大きな力になります」

(141)(前掲書)

必要な資料は十分揃っているというのだから心強い。更に氏は、日本語の系統研究が大きく出遅れた原因を次のように述べていた。

「これまで日本語の系統研究で大きな成果が上げられなかった原因にはいくつかあるが、その最大のものは日本語は孤立語であるという先入観が蔓延してしまったことです。

例えば、日本語が最初に比較の視点で研究されたのは一八世紀初めに新井白石が行った朝鮮語のとの短い比較です。白石は、両言語の間に何ら積極的な系統関係を見いださなかったのですが、すぐお隣の朝鮮語ですらそういう関係だから、日本語の系統を調べるのは絶望的だということになってしまった。

その後は、日本周囲の言葉をもっと沢山、きちんと細かく調べることもなく〝日本語は孤立語だ〟という考えだけが一人歩きしてしまった。そして孤立しているのだから何をしても良いんだといわんばかりに、日本語と世界中の言語を比較するという無意味なことをやって来た。その多くはドイツ語で名前のことをナーメと呼び、日本語のナマエと似ているから同系統だというような、おもしろ半分なものが大部分でした。

最近でも『万葉集』が朝鮮語で読み解けるなどという説が話題になりましたが、日本語と

朝鮮語は全く別系統の言葉であることが分かっており、時代錯誤も甚だしいナンセンスな珍説です」(142)(前掲書)

氏は〝日本語と朝鮮語は全く別系統の言葉〟と断言することで私たちの常識を裏付けた。更に、「時代錯誤も甚だしいナンセンスな珍説」と口を極めて否定していた。

思えば、言語が民族を区別する最大の指標なのだから、大陸の諸民族は勿論、今の朝鮮民族と日本人は赤の他人ということになる。次いで氏は有名な珍説をも否定した。

「また、日本語のタミル語(インド東南部とスリランカ北東部の言語)起源説もありますが、ここには残念ながら民族の移動という視点が全く欠落しています。日本人がどうやってインド東南部から日本列島に移動してきたのか、それを裏付ける考古学的、歴史的、文献的証拠はなにもありません。そもそもタミル人が東南アジア方面に進出したのは一〇世紀以降で、これだけでも日本語とは何の系統関係も無いことが分かります」(142)(前掲書)

ナンセンスな珍説や孤立語という呪縛が日本語のルーツ研究を不毛なものとし、系統研究を遅らせ、誤解を与え続けてきたというのである。

非常に古い時代に成立した混合語である

崎山氏によると、世界中の言語と日本語を比べなくても、実は日本語に類似した言語が近くにあったという。それがアルタイ語系のツングース語であり、「私は・本を・持っている」というように、主語・目的語・動詞という語順を特徴としている。だが問題点もあった。

「ツングース語と日本語は、語順の他、助詞、助動詞に相当する要素など文法面では共通点が非常に多いが、問題は日本語にはツングース語と全く関係ない語彙や接辞法が豊富にあるということです。日本語の接頭辞は、ツングース語には全く見られません」(142)(前掲書)

例えば、「ひる(昼)」に「マ」がついて、「マひる」というのも接頭語の一種であり、『万葉集』などの上代日本語では接頭語が重要な機能を担っていたという。その上で「日本語はツングース語的な文法を持っていながら、ツングース語では説明できない要素が非常に多い。だからといって、日本語を孤立語だと決めつけるわけにはいきません」と語る。

では私たちの言語、日本語は、何故かくも地理的に近く、昔から交流が盛んだったと信じられてきた大陸や朝鮮半島の言語と系統関係がないのだろうか。

「日本語が周辺の他の言葉と大きく異なっているのは、孤立語だからではなく、日本語の成立が非常に古いことを示しているのです。おそらくは縄文時代、どのような言語の形成が日本列島で起こったのかを考えることが大切です。ここで、私たちは、日本語が置かれた環境をもっと常識的に見ることが必要だと思います」(142)(前掲書)

つまり日本人が大陸や半島の人々と接触するはるか昔から、日本語の骨格が形成されていたからそれらの言語の影響を受けなかったというのだ。では日本語はどのようにして形成されたのだろう。

日本列島の北端、北海道は樺太を介してツングース諸語圏と接しており、縄文以前の遠い時代に、この言語を話す人々が日本列島を南下したことがｍｔＤＮＡ研究から証明されている。

一方、日本の南端で接しているのはオーストロネシア語を話す人々である。彼らは、琉球列島を介して日本に接しており、南から北へと日本列島を北上していった人々や、太平洋からやって来た人々がいたこともｍｔＤＮＡ研究から明らかになっている。(図―27)

注一　現代ツングース諸語圏とは、東シベリア、樺太、北部満洲、沿海州を含むエリア。朝鮮半島やシナ大陸北部は含まれない。

注二　現代オーストロネシア諸語圏とは、西はマダガスカル、マラヤ、インドネシア、フィリピン、台湾、南太平洋、ニュージーランド。ニューギニアやオーストラリアは含まれない。

図－27　現代ツングース諸語と現代オーストロネシア諸語圏と日本（『日本人のルーツ』143 頁より抜粋）

そして氏は、日本語の成立過程を次のように説明し、上代日本語語彙の約八割はオーストロネシア語由来と推定した。

「私はオーストロネシアンの比較研究を行ってきましたが、ある時、オーストロネシアンの語彙や接頭語が日本語と非常に共通点が多いことに気がつきました。そして日本語とは東シベリアの現代ツングース諸語と現代オーストロネシア諸語の混合言語との結論に達したのです」(143)（前掲書）

詳細は割愛するが、氏は「言葉の再構」という言語のルーツ研究では必要不可欠な手続きを経て、自説の正しさを証明した。更に持論が決して突飛なものではないことにも言及した。

「日本語が混合語であるという考え方は、決して突然生まれた新しい考え方ではありません。一九二〇年代、ロシアのポリバノフという言語学者が〝日本語は混合語ではないか〟という見解を既に述べているのです。そして、このような説が中々受け入れられなかった背景には、言語学者たちの間にある、混合語に対する偏見があります。

つまり文化はいくらでも混合し、雑種が出来るが、言語は混血しないという思い込みが、これまでの比較言語学者の主張の中にあったのです」(146)（前掲書）

「言語は混ざらない」という固定観念が言語学者を呪縛していたという。だが氏は「全く系統の違う言葉同士が混合する中で、新しい言語が生まれることがある。その言葉を言語学的にはピジン語と呼びます」(147)と実例を挙げて説明した。言語は混合するのである。

日本語の成立は縄文中期以降である

今まで多くの言語学者が日本語のルーツを大陸に求めたが、それは「弥生時代以降、大勢の人々が大陸や半島から日本に渡来し、それが日本人のルーツとなった」という通説に惑わされていたからではないか。

仮に、弥生時代にやって来た渡来人やその子孫が日本民族の大多数を占めていたなら、日本語と渡来人の故地、例えば朝鮮語との間には何等かの系統関係が認められて然るべきである。だが、いくら探してもそのような言語は見つからなかった。

「残念ながら日本では言語学者に南方蔑視の考え方があったことも、現実的な系統研究の妨げになった。そのため日本語のルーツを、無理矢理、大陸に求めようとすることも行われてきました。

しかし、例えば二〇〇〇年前の弥生時代に、大陸からやって来た人たちによって日本語が形成されたとすれば、彼らの言語と比較することによって系統関係が分かるはずなのに、そうならないと言うことは、これまで述べてきたように日本語の成立年代がもっと古いことを示していることになります」(146)(前掲書)

即ち、渡来人がやって来る前に日本語は成立しており、彼らの言語は日本語にさしたる影響を与えなかったというのだ。このことは世に流布されてきた、大勢の渡来人がやってきた、渡来系の人たちが日本人の八割を占めるに至った、縄文人は渡来人の持ち込んだ疫病により死に絶えた、なる論を系統言語学の立場から否定したことになる。

これで『はるかな旅』シリーズが言語学からのアプローチを行わなかった理由が分かった。系統言語学からの結論と、このシリーズの結論、「日本人のルーツは主に大陸や半島出身者だった」とが相容れなかったからだろう。では日本語はいつ頃誕生したのか。

「私はオーストロネシアンの移動の歴史を考えると、今から五千年ほど前(紀元前三千年)の縄文中期以降のことと考えています。最近の縄文研究によると、この頃の日本列島の人口は東北地方を中心に集まっていたようです。その人たちはツングース系の人達だと言えます。アイヌの人たちも北海道から東北にかけて住んでいて、文化的交流もあったと思いますが、アイヌ語とツングース語は全く系統が異なります。

この様に、ツングースの人達は東北中心に住みつき、南部に移住してきたオーストロネシアンとは平和理に住みわけることが出来たのでしょう。そしてその接点では、物々交換から始まって、様々な交流が行われたと考えられます。やがて通婚するものも生まれ、そこで第一段階としてピジン化（言語的混合　引用者注）が起こったのです」（147-148）（前掲書）

おそらく縄文時代の開始期、北海道、東北、関東には主に北から来た人々が住んでおり、沖縄から九州、四国、中国、近畿には東南アジア、大陸や半島からやって来た人々が住んでいたことが想像される。このDNAの異なる両者が邂逅した地が本州の中央部であって不思議はない。

そして両方の民族が混じり合う接点として、関東や中部からATLのキャリアが減少し、言語も混じり合い、醸成されていったのではないか。

「オーストロネシアンの移住は、その後幾波も続き、古墳時代まで行われたと考えられます。こうした中で、主語、目的語、動詞といった基本的な語順ではツングース語が残り、語彙や接頭語ではオーストロネシア語が用いられ、それらが残っていったと考えられるのです。なお、弥生時代から古墳時代にかけて、大陸から中国の文化を携えた人たちがやって来ましたが、この時、彼らの語彙の一部を日本語の中に借用することは起こりましたが、言葉の系統は変わりませんでした。このことは、既に日本列島で強力な政治的・文化的体制が

敷かれていたことを意味しています。大陸からの移住者は、日本語を話す方が生活面で便利だったからです」(148)(前掲書)

弥生時代から古墳時代にかけて、日本では言語と国家体制が確立しており、大陸からやって来た人たちも日本語に影響を与えることは出来なかった。

私たちの言語は縄文時代以前に遡る

日本と大陸や半島は一衣帯水、海一つ隔てただけであり、漠然と「社会的・文化的関係が最も深い」と考えられていたが、言語に何の系統関係もなかったとは意外だった。

では何故、言語の系統関係が分からなくなるのか、言語学者・松本克己氏は二つの理由を明らかにしたという(『日本人の紀元の謎』日本文芸社　平成九年)。

「一つは、言語の歴史的発展段階で、ある一つの言語から枝分かれしてゆく場合、その系統関係を明らかにすることが出来るが、逆に二つ以上の異なった系統の言語が、混交して一つの言語になった場合には、本来の系統関係が不明瞭になってしまうということである。もう一つは、一つの言語が独立してから五千～七千年以上経つと、その言語自体の変化が大きすぎて、系統関係を不可能にしてしまうということである」(139)(前掲書)

二つめの、「言語は一定の割合で変化してゆく」という考え方が言語年代学の根幹をなしている。そして時間経過と言語の〝変化・保存〟に対する仮定を導入して、言語間の分岐年代の解明を試みたのが米国の言語学者モリス・スワデシュ（Swadesh Morris, 一九〇九-一九六六）である。氏は、二つの言語の間にどの程度類似した語彙があるか調べ、基礎となった同一の祖語から分かれた二つの言語について言語学的近さの度合いを測り、その二つの言語が分かれた時代を推定しようとした。

言語年代学には基礎語彙二〇〇語と、それを絞り込んだ一〇〇語のリストが用意されており、この基礎語彙の保存率は全ての言語でほぼ一定とした。そして二〇〇語の場合は一千年あたりの保存率が八一％、一〇〇語の場合が八六％とした。

例えば、氏が用いた基礎語彙一〇〇語とは次の通りである。

1私、2あなた、3私たち、4これ、5あれ、6だれ、7なに、8ない、9すべて、10たくさん、11一つ、12二つ、13大きい、14小さい、15長い、16女、17男、18人、19魚、20鳥、21犬、22しらみ、23木、24木の皮、25葉、26根、27種、28血、29肉、30皮膚、31骨、32脂肪、33卵、34角、35尾、36羽根、37髪の毛、38頭、39耳、40目、41鼻、42口、43歯、44舌、45足、46膝、47手、48腹、49首、50胸、51心、52肝、53唾、54飲む、55食べる、56かむ、57見る、58聴く、59知る、60眠る、61死ぬ、62殺す、63泳ぐ、64飛ぶ、65歩く、66来る、67横になる、68坐る、69立つ、70与える、71言う、72太陽、73月、74星、75水、76川、77石、

78砂、79土、80雲、81煙、82火、83灰、84燃える、85道、86山、87赤い、88緑、89黄色、90白、91黒、92夜、93暑い、94寒い、95いっぱい、96新しい、97良い、98丸い、99乾いた、100名前

更にモリスは、二つの言語の間にどの程度の類似語彙があるかを調べ、その比率によってこれらの言語が分裂した時期を推定する数式を提案している。

D＝logC/2logr

D＝分裂年代（千年）C＝問題となる同系言語の共通保存率　r＝保存率（0.86 or 0.81）

仮に、千年前に日本語とある言語が分かれたとすると、基礎語彙一〇〇では両言語に八六％の祖語が残るから、両言語が独立して発展していった場合、共通保存率は次の通りとなる。

0.86×0.86=0.74

即ち、千年前に分岐した場合は七四％、二千年前では五六％の共通語彙が基本語彙に残ることになるから、同系統の言語の場合、耳慣れた言葉が多いはずである。だが大陸や半島の言葉と私たちの日本語との共通性は感じられない。では実態はどうか。

「日本語と比較的近いと思われる言語を選んで言語年代学によって計算してみても、一〇％を超える言語は見当たらないことから、松本氏は、日本語が弥生時代の初めにどこかの言語から分かれて出来たという可能性はほとんどなく、おそらく日本語の起源は縄文時代以前に遡るで

あろう、としている」(140)(前掲書)

仮に、日本語と朝鮮語で一〇%の共通語彙があった場合、共通言語から分かれたとしたときの年代は七〇〇〇年から八〇〇〇年前となる。こうして日本語と半島や大陸諸民族の言語との関係は、どこかに祖語があってそこから分岐していったなどあり得ないことが、言語年代学からも確定したのである。

日本民族は縄文以来の長い歴史をもっていた

更に松本氏は、『世界言語の中の日本語』(三省堂二〇〇七)において、「日本語が稲作文化の到来、即ち、弥生時代の初め(約紀元前五〇〇年)に、日本語以外の現存する他の言語、例えば朝鮮語やタミル語から分岐して生じたというのは、比較言語学の常識からしてあり得ない」と断言。続けて、「日本語の系統問題が暗礁に乗り上げたまま不明であるのは、日本語の起源が、比較言語学の射程範囲である六千~七千年より前に遡るためである。即ち日本語の起源は遠く縄文時代以前に求められる」とした。

山本七平氏の『日本人とは何か　上』から一〇年後、崎山氏は、この辺りの話を『古代史の論点6日本語の起源』(一九九九)において次のように述べていた。

「日本語系統探しの困難さを裏返して言えば、今の日本語が形成されてからの歴史の長さに、その最も大きな原因があるといえるだろう。純血主義的に論じていたのでは埒が明かないのである。つまり日本語は複数の言語が混ざり合った結果、現在の姿となっているということである。現代の日本語は、遙か縄文時代から現代に至る言語を一貫して継承する言語であるということ、即ち、弥生時代には現代語の原型がほぼできあがっていた、ということである。この点は、日本語系統探しの困難さがはからずもそれを証明しているといえる」(195)

縄文以前に日本列島にやって来た多くの人々の言語が混合し、縄文時代に醸成され、日本民族の中核が出来上がった。そして言語の形成が民族の成立なら、日本民族は縄文時代に遡る歴史を有することになる。

「つぎに、縄文時代以降、日本列島に於いて大きな民族的、言語的交替はなかった、ということである。つまり外部から言語の交替を強いるような支配者集団が渡来したことがなかったことは、日本語の言語系統によっても知られる」(196)(前掲書)

即ち、縄文時代以降、言語交替を窺わせる集団は遂にやって来なかった。また異言語を用いる少数の渡来人が爆発的に人口を増やし、日本人の七〜八割を占めることなどなかったことは次の一文からも分かる。

「既にある強力な言語が行われているところへ、他の民族集団が来た場合、その民族は当然、使用者が多く、広い地域で通用する言語を話すようになる。その方が、生活が便利で経済的にも有利だという実利的条件が先ず優先するからである。例えば、古墳時代以降、朝鮮半島から日本列島への渡来人が増加したが、彼らは倭人社会の中では当然、日本語を話さざるを得なかった。このことは、日本語のなかに取り込まれた半島系の借用語が少ししかないことからも分かる。同じ状況がそれ以前の日本列島で起こったとしても、何ら不思議ではないということである」(196)(前掲書)

縄文時代はもとより、弥生時代以降、日本へやってきた人たちは、その時点で確立していた日本社会に言語もろとも同化されていったというのだ。

つまり「日本人の主なルーツは縄文時代の人たちだった」なる結論は、言語学から導かれる結論と何ら矛盾するものではなかった。そればかりか、系統言語学や言語年代学はこの考え方を積極的に支持しているように見受けられた。

そして「日本語が誕生した瞬間が日本民族の始まり」なのだから、日本民族のルーツは、一万年前の縄文時代から日本列島に住んでいた人たちにまで遡ることが、より確実となった。

弥生時代に続く古墳時代以降、シナや朝鮮の戦乱から逃れ、わが国へと流れてきた人々を継続的に受け入れた時代になっても、縄文時代に成立した日本語、即ち日本民族の根幹は揺るがなかった。それは先に崎山氏が指摘されたように、「日本列島で強力な政治的・文化的体制が敷かれていた」からであり、この体制が大和朝廷であることはいうまでもない。

あとがき

昭和二十四年に文化勲章を受章した津田左右吉は、古代史文献の研究を行った歴史学者であり思想家でもあった。

彼は、『古事記及び日本書紀の新研究』(大正八年)において、「神武東征は説話である」などと論じたことから、皇国史観学者から告発・起訴され、関連書籍四冊の発禁処分を受けたものの、「記紀を否定した反体制学者」としてマルキストたちからは称賛と共感をもって迎えられた。だが両者とも氏の本心を見誤っていたことが次の一文から理解されよう。

「此の皇室もしくは国家の起源を説いた記紀の物語に於いて、国家の内部における民族的競争といふやうな思想の痕跡が少しも見えてゐないのは、一方から言ふと、最初に帝紀旧辞の編述せられた時に於いて、国家が昔から一つの民族(少なくとも当時に於いては一つの民族と見られるべきもの)によつて成り立つてゐた、と考へられてゐた一つの証拠とならう」

津田は、記紀が成立した時代、その基となった更に古い時代の伝承や口伝を頼りに、記憶を幾ら遡っても異民族を見いだし得なかった。従って氏は、日本民族は古来より一貫して単一民族だったと信じて疑わなかったのである。

時代が下り、津田と正反対の作家がいた。彼は「日本人の祖先は朝鮮人なのだ」なる時代の通説に身を任せ、何の疼痛も感じない神経の持ち主だった。それが司馬遼太郎である。

例えば司馬は『韓のくに紀行　街道をゆく2』（朝日文芸文庫一九六八）の【韓国へ】で

「私が韓国に行きたいと思ったのは、十代のおわり頃からである」

と書き始め、渡航手続きに来てもらった旅行代理店のチァさんとの会話に移る。

「どういう目的で韓国にいらっしゃるんですか」。ミス・チァが、そう質問したという。

「……さあと、私が暫く考えてみたのは、韓国への想いのたけというのが深すぎて、一言で言いにくかったのである。私は、日本人の祖先の国に行くのだということを言おうと思ったが、それはどうも雑な感じがして……」

司馬の祖先の地が韓国であってもかまわない。だが日本人の祖先の地は韓国ではなく、話しは逆で、かなりの韓国人の祖先の地が日本だった。

然るに世の定説は「日本人は縄文人と渡来人の混血」であり、それは当たり障りのない考え方であるかのような印象を与えてきたが、内実は「日本人のＤＮＡの殆どが朝鮮半島からやってきた」なる混血だった。そしてこの論に多くの学者が与していたことは見ての通りだった。

皇室も朝鮮半島出身だ、なるナンセンスな珍説も戦前から囁かれていたし、戦後は公然と語られるようになった。

昭和二十三年、「皇室は朝鮮半島からやってきた」なる荒唐無稽な騎馬民族征服説を言いだした江上波夫は、何と国民の最高栄誉とされる文化勲章を拝受し、今でもそう信じる人もおり、司馬もどっぷり浸かった一人だったが、この珍論を支えるべく公教育が行われ、事実が明らかになってもお構いなしで「偽」が流布され続けてきた。

そして平成二十一年十二月十日、民主党の小沢一郎氏が行った韓国での講演は「口あけてはらわた見せる柘榴かな」の譬えそのままに、このおつむも江上氏の謬説によって汚染されていることを明らかにしたのである。


だが津田は、このような見方に真っ向から反対した。氏の「天皇や日本人とは大昔から日本に住んでいる日本民族だ」なる信念は、戦前戦後を通して決して揺らがなかった。

津田の本心が明確になったのが敗戦間もない昭和二十一年、戦前は皇国史観を身に纏った東大教授を始め多くの歴史学者や家永三郎などの教育者が保身のために転向していった時代だった。左翼の頭目と目された羽仁五郎すら「共産革命の暁にはリンチに遭うのでは……」と震えていたその時代（『文系ウソ社会の研究』153）、津田は岩波の『世界』に「建国の事情と万世一系の思想」なる論文を公表した。

この論文により、津田が皇室を深く敬愛し、神武天皇をはじめとする歴代天皇の存在を信じ、皇室及び天皇制度存続の論陣を張ったことが、ソ連の手先、皇室の抹殺を目論んでいた左翼に衝撃を与えたのである。

その後半世紀が過ぎ、津田の「日本人単一民族説」は、考古学、人類学、分子人類学、言語学などに裏打ちされたものではなかった故に、氏の主張も、その後の「日本人のルーツは渡来人だ」なる喧伝によってかき消されて行った。

そして筆者が本当のことを知りたいと思った頃、「渡来人は大陸からやって来た」は巧妙にすり替えられ、公教育は勿論、世はおしなべて司馬遼太郎に代表される「日本人とは、朝鮮半島から・・・やって来た渡来人を主とし、縄文人を従とする混血説」に変質していた。

それから二十余年が過ぎ、近年、材料がほぼ出そろった観もあり、それらを洗い直すことで「私たち日本人のほとんどが縄文時代から連綿と続くＤＮＡを受け継いでいる」との結論、偶然にも、高名な分子人類学者・根井氏と軌を一にするものとなった。

だがこのような見方は、鈴木尚氏存命の頃は常識だったという。だから本書は「子ともは月を発見した」という程度の話しかというと、そうでもないと自負している。

ご覧のように、今や多くの学者が「日本人のルーツは渡来人だった」との論陣を張るに至り、これが動かし難い真実であるかの如く世に蔓延っているからだ。

普通の頭で彼らの論を読んでみると、その論理展開は隙だらけであり「それはないだろう」

という代物だった。それが世に流布され、学者、教育者、政治家、官僚、マスコミ業者も何かを恐れて、或いはカラクリを見抜けなかったのか、それらの説を事実であるかのように引用し、砂上の楼閣の屋に屋を重ねていた。最近出版された日本人のルーツものも、単にこれらの論を追認するだけであり、これでは幾ら本が積み上がっても「真」に迫れない。多数決で「真偽」が決まるわけでもなし、ゼロを百回足してもゼロには変わりはないからだ。

本書において各論を取りあげさせていただいたが、これは研究の常道として、論文を客体として検討しただけである。またここで取り上げた資料は筆者が入手できる範囲のものであり、日進月歩の学問の世界では既に旧聞となっているかも知れない。或いは既に「日本人の主たるルーツは縄文時代の人たちだった」なる論が学界の定説になっているかも知れない。

その場合は強者の宥恕を願うほかなく、また勝手ながら、本書へのご指摘があれば是非ともお願いしたい。真実に迫る論争は人生の楽しみの一つだからだ。

思うに、本書が巷に溢れる書籍と同じ内容なら世に問う意味はないが、調べた範囲では類書は見当たらなかった。この一文が日本人のルーツに興味を抱き、真実を知りたいと思っておられる諸兄にとってお役に立てば幸いであり、そうなることを切に願っている。

平成二十二年四月

長浜浩明

長浜浩明（ながはま　ひろあき）
昭和22年群馬県太田市生まれ。同46年、東京工業大学建築学科卒。同48年、同大学院修士課程環境工学専攻修了（工学修士）。同年4月、（株）日建設計入社。爾後35年間に亘り建築の空調・衛生設備設計に従事、200余件を担当。主な著書に『文系ウソ社会の研究』『続・文系ウソ社会の研究』『古代日本「謎」の時代を解き明かす』『韓国人は何処から来たか』（いづれも小社刊）『脱原発論を論破する』（東京書籍出版）がある。

［代表建物］

国内：東京駅八重洲口・グラントウキョウノースタワー、伊藤忠商事東京本社ビル、東京ディズニーランド・イクスピアリ＆アンバサダーホテル、新宿高島屋、目黒雅叙園、警察共済・グランドアーク半蔵門、新江ノ島水族館、大分マリーンパレス

海外：上海・中国銀行ビル、敦煌石窟保存研究展示センター、ホテル日航ハノイ、ホテル日航クアラルンプール、在インド日本大使公邸、在韓国日本大使館調査、タイ・アユタヤ歴史民族博物館

［資格］

一級建築士、技術士（衛生工学、空気調和施設）、公害防止管理者（大気一種、水質一種）、企業法務管理士

日本人ルーツの謎を解く

縄文人は日本人と韓国人の祖先だった！

平成二十二年五月二十七日　第一刷発行
平成二十八年九月三十日　第九刷発行

著者　長浜　浩明
発行人　藤本　隆之
発行　展　転　社

〒157-0061　東京都世田谷区北烏山4-20-10
TEL　〇三（五三一四）九四七〇
FAX　〇三（五三一四）九四八〇
振替　〇〇一四〇―六―七九九九二

組版　生々文献／印刷製本　中央精版印刷

乱丁・落丁本は送料小社負担にてお取替え致します。
定価［本体＋税］はカバーに表示してあります。
ISBN978-4-88656-343-9

てんでんBOOKS
［価格は税抜き］

韓国人は何処から来たか　長浜浩明
●族譜は一〇〇%デタラメ！　はびこる近親婚に近親相姦。祖先は「庶子とクマ女の雑種」。これが韓民族の正体だ！　1500円

古代日本「謎」の時代を解き明かす　長浜浩明
●古代史界に正気を取り戻す。「大阪平野の発達史」が明かす真実。「皇紀」を「西暦」に直すと古代史が見えてくる。　1780円

シナ人とは何か　宮崎正弘　内田良平研究会
●中国文明の本質を鋭く抉った内田良平の『支那観』をテキストに、間違っていた日本人の対中理解を今こそ正す。　1900円

歴史教科書が隠してきたもの　小山常美
●歪曲は古代から始まっていた！驚くべき「中学校歴史」教科書の実情を徹底検証し各社教科書を総点検する。　1500円

アジア英雄伝　坪内隆彦
●かつて「興亜」の二文字に振起し、植民地の解放を目指し苦闘を続けたアジアの英雄二五人の全貌。　2500円

南京「事件」研究の最前線　平成二十年版　東中野修道 編
●全年報ならびに全会報の総目次一覧を巻末に附した、日本「南京」学会による六年の研究の集大成。　2500円

シナ大陸の真相 1931～1938　K・K・カワカミ著　福井雄三訳
●支那事変前夜、国際謀略うずまく大陸の政治的実情を明らかにした幻の日本弁護論を本邦初訳。　2800円

日本の核論議はこれだ　郷友総合研究所
●これまでの核論議を整理し、あるべき国防体制の確立を目指す。元自衛隊将官による新たな「核保有」論！　1500円